彩图版
果树整形修剪
七日通丛书

彩图版 苹果省力化

整形修剪

7 整形修剪

七日通

赵德英　程存刚 ◎ 主编

中国农业出版社

北　京

图书在版编目（CIP）数据

彩图版苹果省力化整形修剪七日通 ／ 赵德英，程存刚主编．–北京：中国农业出版社，2018.12
（彩图版果树整形修剪七日通丛书）
ISBN 978–7–109–24097–1

Ⅰ．①彩… Ⅱ．①赵… ②程… Ⅲ．①苹果–修剪–图解 Ⅳ．①S661.105–64

中国版本图书馆CIP数据核字(2018)第093297号

中国农业出版社出版
（北京市朝阳区麦子店街18号楼）
（邮政编码 100125）
责任编辑　黄　宇
文字编辑　谢志新
───────────────────
北京通州皇家印刷厂印刷　　新华书店北京发行所发行
2018年12月第1版　　2018年12月北京第1次印刷
───────────────────
开本：880mm×1230mm　1/32　印张：8.25
字数：200千字
定价：45.00 元
（凡本版图书出现印刷、装订错误，请向出版社发行部调换）

主　　编　赵德英　程存刚

副 主 编　袁继存　徐　锴　闫　帅

参编人员（按姓氏笔画排序）

　　　　　　吕　鑫　李　敏　杨丹丹　杨凤英

　　　　　　张少瑜　张彦昌　秦嗣军

　　苹果产业是我国果树产业的优势和支柱产业。我国是世界苹果生产和消费大国，2016年苹果栽培面积达到3 615万亩*，总产量达4 380万吨，创历史新高，分别占世界苹果栽培面积和产量的55%和60%左右。近3年，苹果产量以7%～10%的年增长率递增。虽然如此，我国还不是苹果生产强国，与世界先进生产国还有一定差距，需要在综合管理中下大力气，迎头赶上。其中，整形修剪方面就存在诸多问题。

　　1. 整形修剪技术繁杂　多年来，树形采用大、中冠形——疏散分层形和小冠疏层形，骨干枝多达7～9个，有主枝、侧枝和副侧枝之分，结构复杂，在整形过程中要做到上下平衡、左右平衡、同层平衡，还要考虑主从关系、分枝角度、枝量、果量调节等，使整形工作变得十分困难；在整形方法上，过去习惯用截、缩法，致使树势返旺、成花困难、冒条多、光照差、果个小、着色差、苦痘病严重，导致生产效益低下。采用这种整形修剪模式，技术工人难以掌握，至少需2～3年才能出徒。

------

　　*　亩为非法定计量单位，1亩≈667米^2。——编者注

2．生产者素质不高 由于我国城镇化速度加快，农村年轻人多进城打工，可用人口资源缺乏，有的果园要从几十公里外用车接送工人，而且这些工人多是老、弱、病、残、妇，文化水平多为小学或初中，个别高中毕业，技术水平不高，很少经过系统培训，致使在整形修剪中，不敢去大枝（骨干枝），只清理小枝，不善于培养枝组，甚至把有用枝剪掉，造成严重的修剪失误。

3．生产效率低下 国外先进生产国多采用圆盘锯式修剪机，一人一天可修剪苹果树 10 ～ 50 亩，把一行树当成一堵篱笆墙进行修剪，并剪成一定的几何图形。然后，在枝密处再辅以人工疏枝。另一种方式是人站在行间平台车上，用长把修枝剪剪树，效率可提高 2 ～ 3 倍。由于总体机械化水平较高，平均一人可管理 50 亩苹果树，而我国一人只能管理 5 亩左右。在修剪上，我国现在最先进的修枝剪是电动的，多少能省些力。在采用以截、缩法为主的传统修剪情况下，一个熟练的技工，每天工作 7 小时，只能修剪 5 ～ 8 株盛果期苹果树，一亩盛果期树需要 3 ～ 4 个人工才能完成。当前，一位技工剪一天树的工资为 150 ～ 200 元，一亩地需 450 ～ 800 元，这对于当前苹果价格低迷、效益不高的果农来说，也是难以承受的负担。如果果农很快掌握全套的修剪技术，自己动手剪树，岂不是可以省下一大笔开支吗？

鉴于上述，广大果农、技术人员迫切需要简化、省工修剪技术的问世与普及，值此应中国农业出版社之邀，中国农业科学院果树研究所组织编写了《彩图版苹果省力化整形修剪七日通》一书。该书的编写者都是该研究所的技术骨干力量，都有 10 余年的科研生产实践经验，在广泛总结、学习国内外先进生产经验的基础上，根据自身的切实体验编成此书。该书的显著特点是面向生产、短小精悍、技术先进、省工简化、通俗易懂、图文并茂、语言精练、配图新颖、实践性强。

通过阅读并结合 7 天的实践，可基本掌握苹果整形修剪的基础知识和技术方法，而且在运用中可大大提高修剪功效，一天一人剪一亩盛果期苹果树没有问题。一书在手，致富莫愁，相信该书会深受广大果农、技术同行的喜爱。在此，祝贺该书的面世，并希望能为我国苹果事业做出新的贡献！

中国农业科学院果树研究所

2017 年 3 月 1 日

　　中国是世界上苹果种植面积最大、产量最高的国家。早在 20世纪 70 年代，大冠稀植是我国苹果主要的栽培模式，采用的树形主要为疏散分层形。从 20 世纪 80 年代开始，乔砧密植栽培模式迅速普及，采用的树形从三主枝疏散分层形向小冠疏层形转变，随着大家对栽植密度要求的增加和早期丰产的需求，生产中出现了纺锤形树体结构。20 世纪 90 年代以后，密植成为一种潮流，矮密早果丰产技术理论应运而生，典型的修剪方法为"以放为主，疏放结合，一般不短截"。21 世纪，密植果园由于严重郁闭、果品产量及质量急剧下降，诞生了高光效理论，间伐、提干、缩冠、落头等修剪措施开始在果园实施。近年来，矮砧宽行密植栽培成为我国苹果产业发展的方向，高纺锤形、结果墙、工业化手段、流水线作业成为现代矮砧密植技术区别于传统整形修剪技术的标志。

　　随着农村人口向城市转移的进程加快，在城市的收入相对于农村要高很多，更多的年轻人不愿意从事农业生产，出现了果农老龄化趋势加重的现象，形成了"70 后不愿种地，80 后不会种地，90 后不提种地"的一种怪象，尤其是苹果产业，后续经营存在较大问题。近年来，买方市场已经形成，在未来 3 ~ 5 年，苹果"卖难"将呈现新常态，果价低迷仍将持续；同时，进口水果势头凶猛地涌入中国果品市场，高产低质的果品更难具备市场竞争力。而我国苹果目前的生产模式依然是以单家单户为主，很难实行机械化和标准化生产，很多技术难以推广应用。如果中国苹果产业不能走出传统栽培模式的牢笼，就不能简化栽培管理过程、降低生产成本，更无法尽快适应新一轮的苹果产业调整，使中国苹果产业前景堪忧。随着国家土地流转制度的实施，果园逐步从一家一户的果农手中集中到果业合作社、协会、家庭农场和大型的种植公司手中，果园规模扩大，果园管理从传统向现代化迈进，这就迫切要求对果树的栽培模式进行转型升级。美化果园环境、减少用工成本、降低劳动强度、提高经济效益成为这些新的果园经营主体追求的目标，而如何实现果园的省力化栽培成为实现这一目标的关键所在。

应中国农业出版社之邀，中国农业科学院果树研究所组织有关专家和科技人员在总结科研成果和生产经验、查阅资料和吸收国外发达国家先进技术的基础上，编写成《彩图版苹果省力化整形修剪七日通》一书。该书以帮助新手快速上手为目的，完全以实际操作为范例，以现学现用为选材依据，采用通俗的语言描述，文图结合的方法，帮助读者从零开始，一步步掌握苹果整形修剪的整个操作过程。通过 1 周 7 天的学习计划，介绍苹果树修剪的基础知识、重要树形的培养方法和不同树龄时期树体的修剪要点。本书充分体现了可读性、简易性和可操作性的特点，向读者全面介绍了苹果修剪的基础知识和误区，力求做到知识涵盖面广、深入浅出、通俗易懂，只为读者朋友能轻松、快速、高效地掌握苹果整形修剪的技能。本书主要目标是面向生产第一线，为生产优质苹果的果农服务，也为科研人员和广大苹果栽培爱好者提供一些较好的生产经验。

全书分成7天(即7个部分)进行讲解，第一部分由赵德英编写；第二部分由袁继存、杨丹丹编写；第三部分由袁继存、杨凤英、张彦昌编写；第四部分和第五部分由徐锴、秦嗣军编写；第六部分和第七部分由闫帅、张少瑜和李敏编写。由赵德英、程存刚和吕鑫进行统稿和整理工作。

我们在编写本书的过程中，承蒙有关单位和个人的大力支持，同时还参考了有关国内外资料和图书期刊，在此向原书作者和提供资料和图片的同行表示衷心的感谢。因技术水平、写作能力所限，书中难免有疏漏和不妥之处，万望读者批评、补充和纠正。

编者

2017 年 3 月 1 日

目　录

第一天
了解省力化整形修剪的基础知识

一、省力化整形修剪的内涵

　　整形是根据树体的生长特性，结合果园的立地条件，通过对枝干的修剪，将其修整成特定的样式和形状，使其结构合理，光能和空间利用充分，生产潜力和效能发挥到最大，实现果树早果、丰产、优质和高效生产。

　　修剪是以整形为基础，根据树体生产和结果的需求，采用不同的措施对枝条进行剪定，从而控制枝条的方位、长势和数量，均衡营养，改善光照，充分利用树体有限的生长空间获得最大的生产效益。

　　整形与修剪的结合，称为整形修剪。整形的目的在于培养良好的骨干结构，修剪则是为了调整生长和结果。整形依靠修剪才能达到目的，修剪只有在合理整形的基础上才能充分发挥作用。

二、省力化整形修剪涉及的名词术语

　　1. **主干**　从地面到第 1 分枝处之间的部分为主干。
　　2. **中心干**　又称中央领导干，是从主干以上至树顶之间的垂直延长部分。
　　3. **主枝**　直接着生在中心干上的分枝即为主枝。
　　4. **枝组**　直接着生在中心干或主枝上，具有 2 个以上分枝的枝群即为枝组，是生长和结果的基本单位。

1

5. **骨干枝**　构成树冠骨架的永久性大枝叫骨干枝。中心干和主枝均为骨干枝。

6. **分枝角度**　枝条与母枝的夹角为分枝角度。包括基角、腰角和梢角。

7. **单轴延伸**　对中心干、主枝和结果枝组的当年生枝不短截或破顶芽缓放,对枝条上旺枝采用多疏不截,刻芽、抹芽相结合,去直留斜相结合的修剪方法。

8. **树势**　指树体总的生长状态体现,包括发育枝的长度、粗度,各类枝的比例,花芽的数量和质量等。

9. **干性**　树体自身形成中心干和维持中心干生长势强弱的能力为干性。

10. **垂直优势**　枝条因着生角度不同而表现出生长强弱差异的现象称为垂直优势。直立枝生长最旺,斜生枝次之,水平枝次于斜生枝,下垂枝生长最弱。

11. **顶端优势**　顶端的芽萌发抑制其下方侧芽萌发生长的现象称为顶端优势。

12. **级次**　1株树或1个分枝分权的次数称为级次。

13. **级差**　枝条及其着生枝之间粗度的差别称为级差,一般也称为粗度比或枝干比。

三、省力化整形修剪的特点

(一)树形简化

由稀植大冠向密植小冠变革是总的趋势,表现为树冠由高变矮,树冠形状由圆变扁,由传统的疏散分层形(树高4～4.5米,冠幅4.5～5米,图1-1)向小冠疏层形(树高2.5～3米,冠幅3.5～4米,图1-2)、自由纺锤形(树高2～3米,冠幅2.5～3米,图1-3)、细长纺锤形(树高3～3.5米,冠幅1.5～2米,图1-4)、高纺锤形(树高3.5～4米,冠幅0.8～1.2米,图1-5)、松塔形(树高3～3.5米,冠幅1.5～2米,图1-6)和主干形(树高2.5～3.5米,冠幅1～1.5米,图1-7)转变。最终,树体冠幅越来越小,结果墙越来越薄,结果枝轴越来越短，结果部位越来越靠近中心干，树体结构越来越平面化，由三维立体结构向近似于二维平面结构转变（图1-8至图1-11）。把单株个体的培育变成群体的培养，把一行树作为一个结果单元，形成一个整体、高效的生产系统。

图1-1　疏散分层形树体

图1-2　小冠疏层形树体

图 1-3　自由纺锤形树体

图 1-4　细长纺锤形树体

图 1-5　高纺锤形树体

图 1-6　松塔形树体　　　　图 1-7　主干形树体

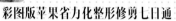

图 1-8　平面结果双主干
　　　　形树体

图 1-9　平面结果三主干
　　　　形树体

图 1-10 平面结果四主干形树体

图 1-11 平面结果多主干形
树体

（二）树体结构简化

骨干枝数量由多变少，侧生分枝由粗变细，级次由高变低。由传统的 5 个级次（中心干—主枝—侧枝—结果枝组—结果枝，20 ～ 25 个骨干枝，图 1-12）向 3 个或 2 个级次 [中心干—主枝（结果枝组）、中心干上无骨干枝直接着生 20 ～ 30 个临时性侧生分枝，图 1-13] 转变。侧生分枝由原来的与中心干同级粗大分枝（图 1-14）向子孙级细弱分枝（图 1-15）转变。

图 1-12　骨干枝数量多，级次多

图 1-13　骨干枝数量少，级次少

图 1-14　主枝粗大，与中心干同级

图 1-15　主枝粗度与中心干拉开，形成适宜枝干比

（三）整形修剪技术简化

整形剪技术简化就是由精细修剪向简化修剪转变，由以短截为主向以缓放和疏枝为主转变，由冬季修剪向四季修剪转变，由采用单一手法向综合应用多种手法转变，由单一的人工修剪（图1-16）向人工辅以机械和化学修剪转变（图1-17至图1-20）。修剪工具更趋省力化和电动化（图1-21至图1-23）。通过冬季修剪培养骨干枝，平衡树势，调整从属关系，控制树冠大小和疏密程度；通过生长季修剪调节枝条生长势，减少无效枝的养分消耗，促进花芽孕育与形成，优化树体内部的光照条件，提升果实的品质。正所谓"春刻促芽发，夏剥催成花，秋拉缓树势，冬剪调骨架"。

图1-16　传统精细修剪

图 1-17 修剪平台

图 1-18 花期机械修剪

图 1-19　新梢旺长期机械修剪

图 1-20　圆盘式修剪机

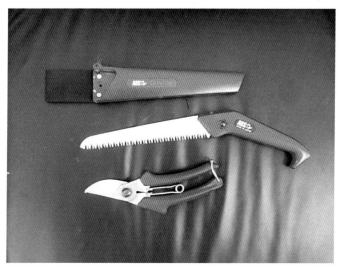

图 1-21　常规修枝剪刀和锯子

图 1-22　长柄修枝剪

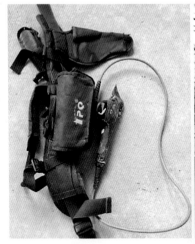

图1-23 电动修枝剪

四、苹果省力化整形修剪要处理好的几种关系

（一）生长与结果的关系

调节生长与结果的矛盾，实质是解决树势强与弱、结果多与少的矛盾。整形修剪的主要作用就是使营养生长和生殖生长达到相对平衡。苹果优质丰产的决定因素是果树的生长势及其稳定性，只有强壮而稳定的苹果树势，才能保证苹果的丰产与优质。树体不仅要求保持一定数量的枝条，同时要求保持适宜的长、中、短枝比例。长枝比例过高，大量的光合产物和养分用于促发长梢，供给花芽分化和中短枝的养分则不足，导致营养生长过旺（图1-24），冬剪时产生大量副产品（图1-25）。中短枝比例过高，用于光合生产的枝叶量不足，树体的长势变弱，营养物质的累积量减少，树体正常的生长发育和开花结果都会受到抑制，若结果过多，则会导致早期落叶（图1-26）。合理的整形修剪则要保证树体既要维持正常的营养生长，还要能够分化出数量适宜的花芽，结出足

够数量的果实，保持营养生长和生殖生长相对平衡（图1-27和图1-28）。树体生长过旺、花芽分化少时，修剪上要尽量缓和枝干的生长势，多留花，促进树体由营养生长向生殖生长转化；树体生长过弱、花芽分化过多时，要通过短截和回缩等修剪手段刺激营养生长，同时，通过疏花疏果减少树体的负载量，促进树体由生殖生长向营养生长转化。整形修剪扮演的是杠杆角色，优化树体内花芽和叶芽的比例，平衡生长与结果，是为树体最大限度地早结果、多结果和结好果服务的；如果树体本身树势均衡、结构合理、产量高、品质好，修剪就变得毫无意义。

图1-24 营养生长过旺，结果少

图1-25 冬剪时产生大量副产品

图 1-26　结果多导致早期落叶

图 1-27　营养生长和结果协调

图 1-28 营养生长和生殖生长相对平衡

（二）地上部与地下部的关系

苹果树体的地上部和地下部组成了一个完整、闭合、平衡的循环系统。整形修剪的作用就是调节果树地上部和地下部的动态平衡。通过整形修剪，减少树冠内的新梢数量，从而光合产物减少，输送到根系的营养物质也随之减少，抑制根系的生长。根系生长受限后，地上部的生长发育也会受到影响。以短截为主的传统修剪方法，不重视夏季修剪，仅仅依靠冬季大量重剪来调节树体结构是不可取的。剪掉的枝条越多，对树体的削弱能力越强，对根系的损伤也越重，萌发的枝条也越多，果树自身的生长发育规律被打破，树体呈现一种树冠郁闭、光照恶化、只长条不结果的局面，严重破坏了树体地上部和地下部的平衡（图 1-29）。现代省力化修剪技术则采用拉枝、环剥等技术措施对树体结果枝组进行微调，减少了短截、回缩等方法的运用，维持了树体地上部与地下部的平衡，通过最少的修剪量达到平衡树势、稳定结果的目的。

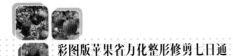

图 1-29　大量重剪后导致地上部与地下部生长失衡

（三）树体构架与光能利用的关系

苹果冠层的形状是由树形决定的，而树体的光能利用状况又是由冠层的形状决定的，因此苹果的优质、丰产必须依赖于良好的树形结构。宽行窄株的栽培模式使树形结构的光能利用优势得到了充分发挥（图 1-30）。树体内部枝量的多少和枝类组成是影响光能利用的实质所在，树形不同，侧生分枝的开张角度不同，对光照的利用程度各异。结构开张的树形通风透光良好，光能利用充分（图 1-31），反之，树冠郁闭，通透性差。苹果树体要想丰产、稳产，维持较高的经济效益，必须保证树体有适宜的枝叶量，每个叶片有较高的光合效能，这样才能截获最多的光能，有效提高光能利用率。要达到这个目标，就要通过各种整形修剪技术措施，改善树体的通风透光条件，保持树体叶幕结构良好，使果园群体和个体结构协调，从而更有效地利用空间和光能。

图 1-30　宽行窄株，行间通风透光良好，色泽艳丽

图 1-31　树体结构良好，光能利用率高，着色好

19

（四）个体与群体的关系

苹果园是由苹果树组成的集合，苹果树是组成苹果园的基本单位，二者是相互制约的。果园密度大，个体的生长必然受到抑制；果园密度小，个体生长就有充足的空间。对于不同的栽植密度，整形修剪的着眼点不同，稀植果园整形主要考虑个体的发展，重视快速高效利用空间，强调树冠结构合理及各部势力均衡，尽量做到扩大树冠快、枝量多、层次分明、骨干枝角度开张、势力均衡；密植果园整形主要考虑群体的发展，着重调节群体的叶幕结构，解决个体与群体之间的矛盾，尽量做到个体服从群体，树冠矮，骨干少，以果压冠。在矮砧密植栽培模式下，果树的栽植密度较高，果树个体有限的生长空间和枝叶迅速增长之间的矛盾较为突出，群体之间空间利用和通风透光的矛盾也较为明显。在充分利用空间的同时，保证生长过程中通风透光条件良好，确保密植苹果园丰产、稳产、果实质优，就必须通过合理的整形修剪技术调整树体的个体结构与群体结构，使二者均趋合理（图1-32和图1-33）。因而在栽植密度高的情况下，要对树体进行人为的控制，通过拉枝、锯除大枝等途径，保持行间畅通；通过拉弯树头或将

图1-32　果园群体结构良好

过高的部分锯除，以减少单株树体生长对相邻植株的影响。相反，在栽植密度低的情况下，由于单株树体生长空间较大，为了促使光合面积的增加，在一定时间内，则应以促为主，通过缓放、多拉枝，增加枝量，提高覆盖率，增加光合产物积累（图1-34）。因而修剪中应依据密度进行，总的原则是稀植大冠密植小冠。

图1-33 单株个体结构合理

图1-34 稀植大冠强调个体结构

（五）营养物质生产与输导分配的关系

苹果的产量构成是光合产物，调节光合产物的合理分配和利用是修剪的精华所在。树体的有机营养主要来源于叶片制造的光合产物，光合产物的分配走向集中在两个中心：一个是营养生长中心，即具有活跃生长点的新梢顶端；另一个是生殖生长中心，即果实。如果运往营养生长中心的营养较多，会导致树势偏旺；如果运往生殖生长中心的营养偏多，会造成树势偏弱。整形修剪的重点任务就是维持生长与结果之间的平衡，使有机养分的分配达到协调和均衡。整形修剪从表面看来，是为了优化树体结构，改善通风透光条件，实质上则是调节树体内营养物质的运转与分配，均衡树体各组织器官的势力。树体内的光合产物主要是通过韧皮部的筛管进行运输，矿质营养和水分则是通过木质部的导管进行运输，修剪中采用的环剥、环割手段就是切断了地上部光合产物向根系运输的途径，但根系吸收的水分和无机盐可以正常运往地上部，从而使营养物质积累在环剥部位以上，促进花芽形成，提高坐果率。拿枝和扭梢则是因为损伤了枝条的木质部，影响了营养物质的正常运输和分配，弱化了枝条的生长势，从而促进花芽形成。

整形修剪对树体营养的吸收、运转、合成、积累、消耗、分配及营养间的相互转化都会产生影响。通过调整树体叶面积，改善树体光照条件，影响光合效率，从而影响树体营养物质的产生和积累；通过调节地上部与地下部的平衡，影响根系生长，从而影响无机营养的吸收与有机营养的合成、分配、转化、积累；通过调节营养器官和生殖器官的数量、类型及比例关系，从而影响营养物质的积累和代谢状况；通过控制无效枝叶、花果数量，减少营养的无效消耗；通过调节枝条角度、局部器官数量、输导通路、生长中心等，来调节营养物质的分配流向。

五、苹果省力化整形修剪的基本原则

（一）根据立地条件选择适宜树形和修剪方法

立地条件差的丘陵山地果园（图1-35）或低洼河滩地果园（图1-36），由于土壤贫瘠，有机质含量低，结构不良，地下水位较高，树体生长发育受限，表现为树势弱、树冠小，宜培养细长纺锤形或小冠疏层形等结构简单的树形，修剪量要大。反之，立地条件好的平肥地果园（图1-37），土壤肥沃，有机质含量高，结构良好，灌溉条件好，树体生长旺盛，树冠大。为了控制树冠，以培养高纺锤形为主，修剪要轻。

图1-35　丘陵山地果园

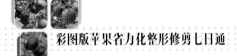

图 1-36　低洼地起垄果园

图 1-37　平肥地果园

（二）根据栽植密度选择适宜树形和修剪方法

栽植密度决定了生产园的初期树形。在选择树形时，按照密度的变化确定适宜树形，不要强求固定某一种树形，重在合理增加土地覆盖率和实现果品产量、质量、效益最大化。一般密度越大，应用树形就越趋于小冠树形，注重立体空间的利用。高密度果园重点要突出中心干的绝对生长优势，结果枝组直接着生在中心干上，没有永久性的主枝和侧枝之分，最大限度地减少多级骨干枝、多层次领导枝的营养浪费。亩栽 167 株以上的高密度果园选用高纺锤形或主干形（图 1-38）；亩栽 55 ～ 111 株的中密度果园选用自由纺锤形（图 1-39）；亩栽 55 株以下的低密度果园选用小冠疏层形（图 1-40）。

图 1-38　高密度果园（1 米 ×4 米）

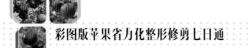

图 1-39　中密度果园（2 米 ×4 米）

图 1-40　低密度果园（3 米 ×4 米）

（三）根据品种特性选择适宜树形和修剪方法

苹果品种不同，生物学习性各有差异，主要表现在萌芽力和成枝力、枝条开展程度、枝类组成、成花难易程度、坐果率等方面。不同的品种存在不同的修剪反应，因此适宜采用的树形和修剪措施也应当有所区别。以富士苹果为例（图1-41），该品种具有较强的萌芽力和成枝力，如果修剪不当易造成树冠郁闭，内膛光照不良。因此，幼树修剪要本着轻剪、缓放的原则，尽量不采用短截手段，及时开张各级枝条的角度，多培养一些平斜枝和下垂枝，同时配合生长季修剪，采用刻芽、拉枝、扭梢和摘心等方法，促进幼树早成花、早结果。盛果期富士苹果则要及时地更新和复壮枝组，回缩细弱枝组和连续结果多年的下垂枝组，合理负载，维持连年丰产稳产。华红苹果（图1-42）萌芽率较高，成枝力中等，

图 1-41　富士　　　　　　　　图 1-42　华红

幼树和初结果树树势强旺，大量结果后，树势中庸，幼树以轻剪、缓放、拉枝为主，及时疏除过大、过旺、过密枝，保持中心干优势，注意防止上强下弱、外强内弱。金冠苹果（图1-43）由于萌芽率高、成枝力弱，修剪时要适当采用短截手段，少疏枝、少缓放。新红星（元帅系列中的品种，图1-44）、宫崎短枝富士等短枝型苹果品种，宜培养窄冠树形，如圆柱形或纺锤形等，幼树期需要连续2～3年进行重截修剪，促发长枝，快速形成树冠。基本成型后，要注意开张各级骨干枝的角度，多缓放，促使其尽早开花结果；初果期则要及时疏除直立的背上枝、交叉枝和重叠枝，适当回缩过长的骨干枝和缓放枝，培养稳定的结果枝组；盛果期时要合理负载，避免出现大小年现象，保持连续丰产。

图1-43　金冠　　　　　　图1-44　元帅系

（四）根据砧木类型选择适宜树形和修剪方法

乔砧苹果树（图1-45）营养生长旺，生殖生长弱，幼树整形以疏层形、自由纺锤形为宜。注意当下层骨干枝长至 1 米时，即于当年 9 月或翌年春季萌芽期拉枝、开张角度；限制短截次数，适时控冠；结果枝组以先放后缩法培养。对预留的结果枝组采取单轴延伸及夏季环割、摘心、扭梢等措施控长促花，结果枝组衰老后适当回缩；盛果期要注意根据大小年、树势对结果量作适当调整，以抑制大小年现象产生。

图 1-45　乔砧苹果树

矮化中间砧苹果树（图 1-46）干性不强，顶端优势较弱，进入结果期以后，树冠往往偏矮，呈扁形，体积小，群体产量不高。该类果树树形宜采用细长纺锤形或改良纺锤形，幼树整形修剪的关键是抑侧促干，即修剪时抑制基部主枝和侧生分枝的加粗生长，保证中心干的绝对生长优势，在中心干上促发分枝，实现立体结果，克服矮化中间砧树体因树冠矮小、结果部位不足而导致的产量不高等缺点。

图 1-46　矮化中间砧苹果树

　　矮化自根砧苹果树（图 1-47）宜采用高纺锤形树形，树体修剪和管理简单，中心干上直接着生结果枝组，只要保证结果枝组基部的粗度为着生处中心干粗度的 1/4 ～ 1/3 即可。为防止有些枝条发展为强旺的骨干枝，应将其拉或压至水平以下，以促花结果，

图 1-47　矮化自根砧苹果树

弱小枝不用拉枝处理就可以结果。定植后 5 ～ 8 年在紧凑空间下，这些结果枝几乎不用修剪就可连年结果。连年缓放结果枝，遇到衰弱情况，利用回缩进行复壮。

（五）根据树势强弱选择适宜修剪方法

整形修剪的一个重要作用就是平衡树势，采用抑强扶弱的修剪手段，保证树体结构良好，从属关系分明，枝条配备丰满、主枝长势均衡，避免出现上强下弱、下强上弱、左强右弱等情况，维持树体产量，延长结果年限。修剪中要根据树势的强弱确定修剪量。树势越旺（图 1-48），修剪量越要轻，修剪量确定后，应尽量去除大枝、直立强旺枝，留侧生枝和中庸枝，多缓放。同时要采用拉枝等手段开张主枝角度，促发中短枝，减弱生长势，该方法既可以减少伤口数量，又能降低级次，有利于树势稳定和花芽形成。树势越弱（图 1-49），修剪量越要重，采用短截、回缩等手段进行更新复壮，疏除衰老枝、弱生枝和下垂枝，使树体保持良好的生长势。

图 1-48　强旺树

图 1-49　弱树

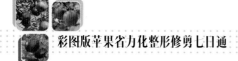

（六）根据修剪反应选择适宜修剪方法

修剪反应是树体整形修剪后最直观的表现。不同品种修剪反应不同，同一品种对不同修剪方法、修剪部位的反应也各异。整形修剪的依据之一就是观察修剪后树体的反应，不仅要看整体的表现，还要观察树体的局部反应，重点观察剪锯口下枝条的长势、成花情况和结果多少。对于因修剪时间和修剪方法不当造成的遗留问题要及早解决。修剪反应敏感的品种，会因为修剪过重造成树势返旺，或者因为修剪过轻而引起树势衰弱。修剪时要保证适量和适度，修剪时以缓放和疏枝为主，适当配合短截。修剪反应不敏感的品种，虽然对修剪的轻重反应有差别，但差别不大，修剪时容易把握。气候、树龄、树势和管理水平不同，树体的修剪反应也会有所差异。幼树、平肥土壤、肥水管理好的果园对修剪反应较敏感，盛果期树、贫瘠土壤、肥水管理水平低的果园则对修剪反应不敏感。

（七）根据花芽多少选择适宜修剪方法

整形修剪时一定要考虑树体中花芽的分布和花芽量的多少，保证树体产量。大年树由于花芽量较大，修剪时本着以花换花的原则，中长果枝进行轻短截，短果枝予以保留，细弱花枝和腋花芽全部疏除，果台副梢连续缓放形成的成串花枝适时回缩，保留3～4个花芽即可，同时要缓放中庸枝，促发花芽形成，为翌年做准备。小年树由于花芽量较少，中长果枝缓放，多留花芽。对连续缓放多年无花的单轴延伸枝组进行回缩，避免翌年花量太多，对中庸枝进行短截，减少翌年成花量。

（八）根据树龄大小选择适宜修剪方法

不同树龄的苹果树树势、修剪反应、成花结果表现存在很大差异。幼树（图1-50）表现为树势强旺、中短枝少、长枝多、花芽形成困难、结果少，因此，在整形修剪时既要保证树冠迅速扩大，树形及早建成，还要保证尽快成花结果。修剪方法上尽量少短截、多留枝，通过刻芽增加枝量，同时要采用拉枝、开角等手段缓和树势，避免营养生长过旺，促进中短枝形成，及早成花结果。初果期树（图 1-51）由于树体刚刚开始结果，树势偏旺，因此在整形修剪时，要遵循结果和扩冠相结合的原则，主要以轻剪、缓放、拉枝为主，适当疏枝为辅，既要保证有一定的产量，还要严格控制负载量，不能影响树体的正常扩冠。盛果期树（图 1-52）树势

图 1-50　幼树

图 1-51　初果期树

基本趋于稳定，枝类组成合理，修剪时重点调整树体的通风透光条件，注意新老枝组交替结果，合理负载，维持树势中庸，保证连年丰产，延长结果年限。衰老期树（图 1-53）树体生长趋于缓慢，结果部位外移，果实品质和产量下降，修剪时主要改善内膛光照，利用内膛徒长枝等进行更新复壮，严重衰弱时，伐树重建。

图 1-52　盛果期树

图 1-53　衰老期树

（九）树形培养从幼树抓起

苹果树栽植后的 1～3 年是树形培养最关键的时期。这 3 年树体生长较快，新梢的生长量可达到 1～1.5 米，因此要注重树形和骨架的培养，尽快形成树冠，采用刻芽等方法促发分枝，保证中心干上均匀分布数量足够、角度适宜的分枝，同时拉枝开角、轻剪、缓放，促进树体花芽分化。3 年以后，树体逐渐由营养生长转向生殖生长，中短枝比例增加，花芽形成容易，早果性明显。幼树一旦结果，旺盛的营养生长得以控制，树势趋于稳定，整形修剪变得常规化和简单化，为盛果期苹果树树形维持和丰产稳产奠定了坚实的基础。

生产中常常因为幼树期没有效益，部分果农放任不管（图 1-54），既不整形，也不修剪，甚至套种玉米等高秆作物，导致树体结构紊乱（图 1-55），枝条任意滋长，主从不分，齐头并进。幼树开始结果后，面临的就是大规模的树体结构改造，大量的枝条毫无保留的

图 1-54　幼树放任不管　　　图 1-55　树形紊乱，结果晚

意义，要想达到理想的树形必须疏枝。疏枝过量导致整个树体伤痕累累，树体元气大伤，感染腐烂病的概率加大，不仅难以实现初期的产量，也对今后果园的规范管理产生不良的影响。因此，整形修剪一定要从幼树抓起，从定植开始，进行有计划、高标准、规范化的整形和修剪（图1-56），保证树体健康生长、早果丰产（图1-57）。

图1-56　幼树系统整形　　　　　　图1-57　幼树早果丰产

（十）树体改造要循序渐进

当树体生长和结果、空间利用和通风透光出现矛盾时，必须采用树体改造的方法进行调节，保证树体获得最大的生产效益。树体改造是一个长期性、循序渐进的过程，要顾及果树的生长势、生长量，还要顾及产量，要从效益这个大局出发，要有长远观、发展观和全局观，切忌"一刀切"和"一步到位"（图1-58和图1-59）。苹果树作为多年生植物，树冠大小与地下根系有一个平衡

图 1-58　一次性疏枝过多，腐烂病多发

图 1-59　一次性改造全园

关系。如果改形过快过重，树冠过小和枝量过少，超过了一定的度，
树体就难以承受，而且，光能和土地也不能得到充分有效地利用。
改形对产量会有一定的影响，但不应使产量大起大落。树体骨架的改动和枝组、枝量的调整，都应逐渐进行（图1-60），保证树体丰产稳产(图1-61)。如果大枝疏掉过多，当年枝组则要轻剪或不剪，翌年再进行枝组调整。改形的速度，要根据果园郁闭程度、树龄、树势、树形基础及管理水平等综合因素而定，一般需要3～5年完成。

图1-60　循序渐进，逐步改造

图1-61　逐步改造果园丰产状

第二天
熟悉苹果省力化修剪的基本方法

一、刻芽

1. 概念　刻芽又叫目伤，是为使芽眼按要求萌发，在芽眼的上方（或下方）0.3～0.5厘米处用刀刻一道，切断皮层筛管或少许木质部导管，以提高芽的萌发力和成枝力，促使幼树早实丰产的方法（图2-1）。

图 2-1　刻芽

2. **作用** 刻芽通过切断局部皮层的筛管或木质部的导管，以阻碍养分的运输或增加局部营养物质的积累，定向定位培养主枝或侧生分枝，调节枝条生长，平衡树势，建立良好的树体结构，补缺枝，快成形，早结果，实现立体结果，达到优质丰产。

二、抹芽

1. **概念** 抹芽是在果树发芽后至开花前，抹除已萌动或抽生出一段尚未木质化的短枝的方法（图2-2）。

图2-2 抹芽

2. **作用** 集中树体养分，使留下来的有用芽得到充足的养分，更好地生长发育，对减少无利用价值的新梢数量、培养树形、减少冬季修剪量、缓和树势、促进营养积累和花芽分化、提早结果具有重要意义。

三、疏枝

1. **概念** 疏枝又叫疏剪，即将枝条从基部疏除（图2-3）。

图 2-3 疏枝

2．作用　减少分枝，改善树冠内通风透光条件，调节树体及枝组的营养水平。

四、拉枝

1．概念　拉枝是在果树生长季节，人为地改变枝条的开张角度和生长方向的一种整形方法（图 2-4）。

图 2-4 拉枝

2.作用　改变枝条开张角度，调整枝干延伸方向，增加树冠内有效生长空间，缓势促花，改善通风透光条件。

五、摘心

1.**概念**　摘心是指在夏季摘掉新梢嫩尖（图2-5）。

2.**作用**　削弱顶端优势，促进花芽形成，防止枝梢旺长，促进侧芽萌发和二次枝梢生长，加快培养枝组。

图2-5　摘心

六、环割

1.**概念**　环割是指在苹果树的枝或干上横切一圈，深达木质部（图2-6）。

2.**作用**　抑制营养生长，促进花芽分化，提高坐果率。

图 2-6　环割

七、环剥

1. **概念**　环剥是指在苹果树的枝或干上横切两圈，深达木质部，去掉两圈刀口间的树皮（图 2-7）。

2. **作用**　截断叶片制造的养分沿韧皮部向下运输的通道，使养分积累于环剥口以上，有利于花芽分化，提高坐果率，增大果个。

图 2-7　环剥

43

八、扭梢

1. **概念** 扭梢是将强旺新梢基部向下扭曲，扭伤木质部和皮层，使其枝头朝下（图2-8）。

2. **作用** 削弱生长势，抑制新梢生长，改变新梢生长方向，促进花芽分化。

图2-8 扭梢

九、拿枝

1. **概念** 拿枝是用手对强旺新梢从基部到顶部边捋边使其弯曲，伤及枝条木质部，做到响而不折（图2-9）。

2. **作用** 削弱生长势，抑制新梢生长，促进花芽形成，提高翌年萌芽率。

图 2-9　拿枝

十、缓放

1. **概念**　缓放也叫长放、甩放，是指对一年生枝保留而不短截（图 2-10）。

图 2-10　缓放

2. **作用** 缓和新梢长势，促进成花，增加枝量，有利于母枝加粗生长。

3. **时期** 休眠期进行，连续的缓放时间需要根据枝条缓放的程度来定。

4. **操作方法** 苹果品种不同，所选枝条有所不同。早熟品种宜选用中、长果枝，果枝相对粗一些；中、晚熟品种宜选用中、短果枝，果枝宜细。在缓放以后，要随时密切注视树体的长势、开花结果状、花芽量等，根据以上指标来判断是否需要继续缓放或回缩。

十一、短截

1. **概念** 短截是指剪去一年生枝的一部分（图2-11）。

2. **作用** 促进剪口下芽的萌发，促使其抽生新梢，增加分枝数目，改变枝梢的角度和方向。

3. **时期** 一般在冬季修剪时进行。

图2-11 短截

4. **操作方法**　短截分为轻短截、中短截、重短截和极重短截
4种。轻短截，只剪掉枝条上部的少部分枝段（1/4左右）；中短截，
在春、秋梢中上部饱满芽外剪截，剪去枝长的1/3～1/2；重短截，
在春梢中下部弱芽（半饱满芽）处剪截；极重短截，在春梢基部
1～2个瘪芽处剪截。以上4种短截方法对母枝均有一定的削弱作
用，短截程度越重，削弱作用越大。

十二、回缩

1. **概念**　回缩又叫缩剪，是指在多年生枝条上短截(图2-12)。
2. **作用**　培养、更新枝组，改变骨干枝的延伸方向。
3. **时期**　一般在冬季修剪时进行。

图2-12　回缩

4．**操作方法**　操作方法因回缩的部位不同而异，回缩留强枝，可促进剪口后芽的生长，起到更新复壮的作用（图 2-13）；回缩留弱枝，则会抑制枝条生长，该操作常用于骨干枝组的培养。

图 2-13　主枝回缩

第三天

掌握几种常见树形的培养技巧

一、高纺锤形

（一）树体结构

主干高 80 ～ 90 厘米，树高 3.5 ～ 4 米，主枝与中心干粗细比例为 1 :（5 ～ 7），中心干上留 30 ～ 50 个小主枝，主枝水平长度 0.8 ～ 1.2 米，主枝与中心干角度 90°～ 120°，成龄后的树体冠幅小而细长，呈纺锤状，枝量充足，无永久性大主枝，结果能力强（图 3-1）。

图 3-1　高纺锤形树体结构

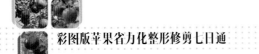

（二）培养技巧

第1年，栽植后根据苗木质量选择是否需要定干，若栽植的苗木质量较差，栽后需在距地表70～100厘米饱满芽处定干；苗木质量好的，栽植当年不需要定干（图3-2）。萌芽后抹除距地面50厘米以下的全部萌芽，在6月初，当新梢长至10～15厘米时进行摘心，同时可用牙签等对枝条进行开角，使其基角为80°～90°，摘心可多次重复进行。在8月上旬至9月中旬，选择分布均匀、间距20厘米左右的新梢作骨干枝，并将其拉至100°～120°为宜(图3-3)，在冬剪时将其他枝条全部疏除(图3-4)。

冬季修剪时，凡是粗度大于中心干着生处粗度1/3的分枝要予以疏除，5～20厘米长度的细弱分枝予以保留，疏枝时注意剪口平斜，促发剪口下轮痕芽来年发枝。

图3-2　高纺锤形定植当年单株

图 3-3　高纺锤形定植当年生长状

图 3-4　高纺锤形定植当年休眠期（加拿大）

第 2 年，春季萌芽前，在中心干分枝不足处刻芽或涂抹发枝素促发新枝；在 6 月初，当新梢长至 10 ～ 15 厘米时继续摘心，可多次重复进行；继续第 1 年的方法选留主枝并拉至 120°；冬剪时中心干延长头缓放不剪，粗度大于中心干着生处粗度 1/3 的分枝同样要予以疏除，20 厘米长度左右、开张角度适宜的弱枝予以保留。疏枝时注意剪口平斜，促发剪口下轮痕芽来年发枝。对于中心干优势不强的树，可采用饱满芽处短截的方法处理中心干的延长头，促发强旺新梢，代替原来的延长头（图 3-5 至图 3-8）。

图 3-5　高纺锤形定植第 2 年春季开花状

图 3-6　高纺锤形定植第 2 年夏季生长状

图 3-7　高纺锤形定植第 2 年夏季生长状（意大利）

图 3-8　高纺锤形定植第 2 年夏季单株生长状（意大利）

第 3 年，对于中心干上缺枝的部位，可在萌芽前进行刻芽处理，或者涂抹发枝素，促进定位发枝。同侧主枝保持 10 ～ 15 厘米的间距，抹除夹角内萌芽，将前年休眠期修剪留下的弱枝拉至 120°，当年萌发的枝条，长度超过 50 厘米的枝条，在春梢停长後也要及时拉枝（图 3-9 至图 3-11）。冬剪时，除强旺的主枝需疏除外，其余可全部保留，中心干延长头继续缓放（图 3-12 和图 3-13）。

图 3-9　高纺锤形定植第 3 年春季开花状

图 3-10　高纺锤形定植第 3 年结果状

图 3-11　高纺锤形定植第 3 年果实成熟状

图 3-12　高纺锤形定植第 3 年冬季

图 3-13　高纺锤形定植第 3 年
冬季单株

第 4 年及以后，树形基本成形，果树进入初果期，修剪方法主要是疏除和缓放，中心干上的小型结果枝组一般每 3 ～ 4 年需轮换 1 次，每年可更新 1 ～ 2 个主枝。冬季修剪时，中心干延长头缓放，不进行短截，疏除中心干上着生的竞争枝、过密枝和基角没有打开的强旺枝，疏除时同样留斜剪口。其余枝条缓放不剪，并拉大角度。夏季修剪时，结合拉枝、摘心和疏枝等手段平衡主枝的生长势，调整树体结构，促进花芽分化（图 3-14 至 3-20）。

图 3-14 高纺锤形定植
第 4 年结果状

图 3-15 高纺锤形定植第
4 年单株结果状

图 3-16　高纺锤形金冠定植第 4 年结果状

图 3-17　高纺锤形定植第 5 年结果状

图 3-18　高纺锤形定植第 5 年单株结果状

图 3-19　高纺锤形金冠定植第 5 年结果状

图 3-20　高纺锤形金冠定植第 5 年单株结果状

盛果期果树，树体冠幅小而细长，中心干具有绝对的生长优势，主枝细长而长势中庸，单轴延伸，枝量充足，结果能力强。修剪时注意及时疏除中心干上过粗过长的大枝，直径 3 厘米以上的枝不予保留，对开张角度过小的主枝要及时开角或疏除。主枝上的下垂结果枝组要适时回缩，更新复壮（图 3-21 至图 3-23）。中心干延长头要用弱枝带头，同时保证树冠顶部保留一定量的直立旺枝，维持树体健壮树势（图 3-24）。

图 3-21 高纺锤形盛果期树结果状

图 3-22 高纺锤形盛
果期树单株
结果状

图 3-23　高纺锤形盛果期树冬季休眠状

图 3-24　高纺锤形衰老树冬季休眠状

二、细长纺锤形

（一）树体结构

主干高 70 ~ 80 厘米，树高 3 ~ 3.5 米，主枝与中心干粗细比例为 1 ：（3 ~ 5），中心干上留 15 ~ 20 个小主枝，主枝水平长度 1.0 ~ 1.5 米，主枝角度 90° 左右，成龄后的树体冠幅呈细长纺锤形，中心干上呈螺旋状地分布着 15 ~ 20 个主枝，整形技术简单、易管理（图 3-25）。

图 3-25　细长纺锤形树体结构

（二）培养技巧

第 1 年，栽植后根据苗木质量确定是否需要定干。若栽植的苗木质量较差，栽后需在距地表 70 ~ 100 厘米饱满芽处定干（图 3-26）；苗木质量好的，栽植当年不需要定干。萌芽后抹除距地面 50 厘米以下的全部萌芽。当新梢长至 10 ~ 15 厘米时进行开角，使其角度在80°～90°。在8月上旬至9月中旬，选择分布均匀、间距20厘米左右的新梢作骨干枝，并将其拉至100°～110°，在冬剪时将其他枝条全部疏除（图3-27）。

图3-26　细长纺锤形定植当年

图3-27　细长纺锤形定植当年冬季

　　第 2 年，春季萌芽前，在中心干分枝不足处进行刻芽促发新枝，萌芽后，中心干延长头保留顶芽，抹除顶芽下 10 厘米内全部芽体，抹除侧生枝背上直立枝，抹除夹角内萌芽，继续第 1 年的方法选留主枝并拉至 110°；冬剪时疏除中心干上强旺的一年生新梢，中心干延长头缓放（图 3-28 和图 3-29）。

图 3-28　细长纺锤形定植第 2 年开花状

图 3-29　细长纺锤形定植第 2 年结果状

第 3 年，对已拉平的枝条及中心干延长枝进行刻芽，并拉平中心干上发出的新梢，继续第 2 年的方法选留、疏除枝条（图 3-30 至图 3-32）。

图 3-30　细长纺锤形定植第 3 年开花状

图 3-31　细长纺锤形定植第 3 年结果状

图 3-32 细长纺锤形定植第 3 年单株结果状

第 4 年及以后，中心干延长头不短截，进行缓放，中心干延长头附近的竞争枝和中心干上着生的过密枝通过斜剪口进行疏除，其他的主枝缓放不剪，并开张角度。保持主枝单轴延伸，主枝上萌发的把门枝、直立枝要从基部予以疏除。夏季修剪结合拉枝、摘心、疏剪等手段进行树体结构的调整，保持树势平衡，促进花芽分化，保证树体稳定结果（图 3-33 至图 3-38）。盛果期树注意保持细长纺锤形树冠轮廓，中心干延长头继续缓放不短截，大量结果后可压成弯头，稳定结果后落头到弱枝处，侧生分枝保持在 15个左右，疏除过强过长枝条（图 3-39 至图 3-41）。

图 3-33　细长纺锤形定植第 4 年开花状

图 3-34　细长纺锤形定植第 4 年结果状

图 3-35　细长纺锤
形定植第
4 年 单 株
结果状

图 3-36　细长纺锤形定植第 5 年开花状

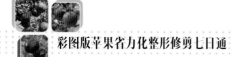

图 3-37　细长纺锤形定植第 5 年结果状

图 3-38　细长纺锤形定植第
5 年单株结果状

图 3-39　细长纺锤形定植第 5 年盛果期树结果状

图 3-40　细长纺锤形第 5 年盛果期树单株 结果状

图 3-41　细长纺锤形盛果期树冬季休眠状

三、小冠疏层形

（一）树体结构

主干高 50 ～ 70 厘米，树高 2.5 ～ 3.0 米，全树共 5 ～ 6 个主枝，分 2 ～ 3 层排列，第 1 层 3 个，第 2 层 1 ～ 2 个，第 3 层 1 个（或无）。第 1 层、第 2 层间距 70 ～ 80 厘米，第 2 层、第 3 层间距 50 ～ 60 厘米，其上直接着生中小枝组（图 3-42）。

图 3-42　小冠疏层形树体结构

（二）培养技巧

第 1 年，春季萌芽前定干，干高 70 ～ 80 厘米（图 3-43），剪口下留 20 ～ 30 厘米整形带，整形带内全部刻芽，整形带下的芽全部抹除。8 月上旬至 9 月中旬，在整形带内选出 3 个主枝并将其拉至 60°左右，同时调整主枝的方向，

图 3-43　小冠疏层形定植当年

使其均匀分布在中心干上。冬季修剪时，主枝剪留 60 ～ 80 厘米，中心干延长头剪留 80 ～ 90 厘米（图 3-44）。

图 3-44　小冠疏层形定植
当年冬季

第 2 年，春季萌芽前将主枝上的饱满芽全部刻芽，促发短枝。8月上旬至 9 月中旬，将选留的第 1 层 3 个主枝开角至 70°左右。冬季修剪时，在中心干上萌发的枝条中选方向适宜的 2 个枝条作第 2 层主枝，疏除第 1 层主枝延长枝的竞争枝，其他枝长放不剪（图 3-45）。

图 3-45　小冠疏层形定植第 2 年

第 3 ～ 4 年，重点培养第 2 层、第 3 层主枝，培养方法同第 1层主枝（图 3-46 和图 3-47）。

图 3-46　小冠疏层形定植第
　　　　 3 年

图 3-47　小冠疏层形定植第
　　　　 4 年结果状

第5年，树形基本形成，果树进入初果期，修剪方法主要是疏除和缓放，在保证树体健壮生长的同时，层性和主从关系要明显，抑制上强下弱、下强上弱现象，注意调节营养生长与生殖生长的平衡（图3-48）。进入盛果期以后，修剪上主要是维持树势和结构，调节花芽、叶芽和各类枝条的比例，主要培养单轴延伸、下垂式珠帘结果枝组；及时更新复壮，同时应控制树冠留枝量，防止郁闭（图3-49）。

图 3-48　小冠疏层形定植第 5 年结果状

图 3-49　小冠疏层形盛果期树结果状

四、V 形

V 形树形适用于矮砧宽行高密植果园。顺行向立 2 个支架（钢管或木杆），立柱长度 3 ~ 5 米，上部向行间倾斜，立柱每 2 根组成 1 对，夹角为 60°左右。果树每 2 株为 1 组，成单行以 60°夹角交叉栽于 V 形架中心线上，组内株距 10 厘米，组间株距 0.7 ~ 1.5 米，行距 3.2 ~ 6 米。组内 2 株树培养中心干分别向东、西方向生长，引缚架上。由中心干分生的小侧枝也绑在铁丝上，中心干上直接着生中小型枝组。夏剪时，背上直立枝需全部疏除，同时为了保证树形结构及枝量合理，应适当调整树体两侧及背后枝的方向和长势，充分利用空间结果（图 3-50 至图 3-56）。

图 3-50　V 形定植当年

图 3-51　V 形定植当年夏季

图 3-52　V 形定植第 2 年春季

图 3-53　V 形定植第 2
年春季单株

图 3-54　V 形定植第 2 年冬季

图 3-55　V 形定植第 3 年冬季

图 3-56　V 形盛果期树冬季

五、其他树形

（一）主干形

干高 60 厘米，树高 2.5 ～ 3 米，冠幅 1 ～ 1.5 米，有一个强健的中心干，其上直接着生 30 ～ 60 个侧生分枝，分枝水平长度 5 ～ 60 厘米，主枝角度 90°～ 120°。人工整枝成形，基本不用剪刀修剪，采取涂抹发枝素、刻芽、摘心去叶、拿枝软化、枝条强弱交接处环割、抑顶促花和促发牵制枝等技术处理枝条，修剪量小，没有永久性分枝，随时更新。主干形树体花芽质量较高，果实围绕中心干结果，受光均匀，果个大（图 3-57 至图 3-59）。

图 3-57　主干形树体结构（日本）

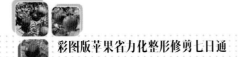

图 3-58　主干形树体结构（加拿大）

图 3-59　主干形单株

（二）松塔形

松塔形是在纺锤形基础上，吸纳优良主干形的优点形成的一种无支柱树形。树形轮廓呈细长圆锥形，成龄树高 4 米左右（落头后到 3 ~ 3.5 米），干高 0.8 ~ 1.2 米，枝组数 25 ~ 27 个，枝组开张角度 95°~ 110°，树冠下部枝展长度 80 ~ 120 厘米，上部为 40 ~ 60 厘米。枝组间距 10 厘米以上，呈螺旋状依次向上排列。干枝比为 1 ：（0.2 ~ 0.3）。为扶持中心干优势，着生侧枝要间隔 5 ~ 10 厘米，呈螺旋状依次向上排列，各枝头要采取单轴延伸，切勿短截，及时疏除延长头竞争枝、直立枝和过密枝。第 5 年基本成形，进入正常结果状态。对成龄树整形，要掌握抑强扶弱和枝组更新两个关键，对个别的衰弱枝要适当回缩（图 3-60 和图 3-61）。

图 3-60　松塔树形树体结构

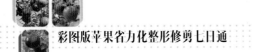

图 3-61　松塔树形侧枝生长状

（三）篱壁形

篱壁形是在立支柱、拉铅丝的篱壁基础上进行，树高 3 米，树形分为 3 层，第 1 层距地面 60～70 厘米，第 2 层距第 1 层、第 3 层距第 2 层距离均为 70 厘米。主枝上着生分枝 18～25 个。定植时尽可能少修剪，不定干或轻打头，仅去除直径超过中心干干径 1/3 的大侧枝，严格控制侧枝生长势。一般侧枝长度达到 25～30 厘米时进行拉枝，角度 80°～90°。中心干分枝不足处利用刻芽或涂抹药剂促发分枝（中心干顶端向下 20 厘米不用刻芽）。随着树龄的增长，修剪方法主要以疏除和缓放为主，中心干上过长的分枝及时疏除。疏枝时应留小桩，促发剪口下轮痕芽来年发枝，有利于枝条的更新复壮（图 3-62 至图 3-65）。

图 3-62 篱壁形幼树树体情况

图 3-63 篱壁形树体机械修剪后情况

图 3-64　篱壁形盛果期树树体情况

图 3-65　篱壁形盛果期树
　　　　　单株

（四）Y形

Y形又叫两主枝开心形，适用于高密度栽植，树体高2米左右，主干高50～60厘米，主枝2个，分别着生在中心干东、西方向，夹角60°～80°，每个主枝上着生侧枝8～9个，均匀分布在两主枝的两侧，枝距20厘米。顺行向立Y形架，架高3.5米，架宽6米，间隔8～10米，具体可根据株距进行调整，架间需拉4～5层12号规格的钢丝线，钢丝线间距以50～60厘米为宜。作为Y形树形两大骨干枝，夏季把两个主枝的夹角拉开至60°～80°，除两个主枝外，其余枝条全部疏除。第2年，每个主枝通过刻芽促生分枝，将分枝用布条均匀绑缚在就近的铁丝上。对主枝延长枝的竞争枝，于生长季摘心或疏除。对主枝上抽生的强旺枝，通过摘心、扭梢等控制其生长，以免影响主枝生长，在主枝上培养以中、短枝为主的结果枝组（图3-66至图3-70）。

图3-66　Y形初果期树

图 3-67　Y 形初果期树单株

图 3-68　Y 形盛果期树休眠期

图 3-69　Y 形盛果期树休眠状单株

图 3-70　Y 形盛果期树结果状

（五）开心形

苹果开心树形起源于日本，由于其树形具有树冠大、光照良好、树龄长、产量高、品质好等优点，目前仍是乔砧苹果树常采用的树形。树高控制在 2.5 ~ 3 米，主干一般在 1.5 米以上，成龄树冠径可达 8 ~ 10 米。有 2 ~ 3 个大主枝，每个主枝配 2 个亚主枝，交错分布结果（图 3-71 和图 3-72）。整形修剪较简单，主要以缓放为主，极易成花。树龄长，可稳定结果 30 ~ 60 年，经济效益显著。美国部分采用四主枝开心形（图 3-73 和图 3-74）。我国目前广泛应用的是苹果小冠开心形，采用高留主干与落头开心相结合的整形技术（图 3-75 和图 3-76）。

图 3-71　开心形盛果期树结果状（日本）

图 3-72 开心形盛果期树休眠状（日本）

图 3-73 四主枝十字开心形（美国）

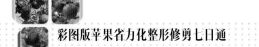

图 3-74　四主枝十字开心形休眠期（美国）

图 3-75　开心形盛果期树结果状

图 3-76　开心形盛果期树休眠期

（六）多中心干平面树形

　　多中心干平面树形是目前意大利和新西兰主推的一种树形，包括双干形（图 3-77 至图 3-84）、三干形（图 3-85 至图 3-88）、四干形（图 3-89 至图 3-92）、八干形（图 3-93 和图 3-94）和十干形（图 3-95 至图 3-101），冠幅仅为 40 ～ 50 厘米。以十干形为例，采用双干形苗木定植，株距为 3 米，行距为 2 米，培养 10 个垂直、生长势均匀一致的中心干，干与干的间距为 30 厘米，中心干上直接着生 10 ～ 15 厘米的小型侧枝，通过刻芽促生分枝。要保持各中心干长势均衡，通过留果量调整生长势，长势过强的中心干多留果，长势过弱的中心干少留果。

　　双干形树形，也称为并棒树形，是 Bibaum 的音译。该树形采用的是双主干 Y 形苗木，在矮化自根砧上同一高度、水平相对的位置同时嫁接 2 个接芽，通过药剂促分枝，形成 Y 形双干分枝大苗。双干形苗木建园时，采用 1.2 米 × （3 ～ 3.5）米的株行距，Y 形的方向与行向一致，第1道铁丝离地面30厘米，设立滴灌系统，上面3道铁丝根据支架高低合理分布。双主干基本处于垂直生长状态，每60厘米分布一个中心干。成龄的双干形树体每个中心干上有25～30个分枝。双干形树形枝条长度明显变短，生殖生长和营养生长达到很好的平衡，单产水平明显提高，成龄树亩产6吨左右。该树形能迅速形成结果墙，便于机械化修剪。

图 3-77　双干形幼树（意大利）

图 3-78　双干形幼树单株（意大利）

图 3-79　双干形幼树（中国）

图 3-80　双干形幼树单株（中国）

图 3-81 双干形盛果期树（新西兰）

图 3-82 双干形盛果期树单株（新西兰）

图 3-83　双干形盛果期树
　　　　（意大利）

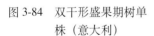

图 3-84　双干形盛果期树单
　　　　株（意大利）

图 3-85 三干形幼树（意大利）

图 3-86 三干形树结果状（意大利）

图 3-87 三干形树结果状
单株（意大利）

图 3-88 三干形树休眠状（意大利）

99

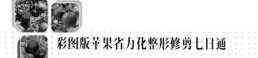

图 3-89　四干形三年生树（意大利）

图 3-90　四干形三年生树单株（意大利）

图 3-91　四干形四年生树（意大利）

图 3-92　四干形四年生树单株（意大利）

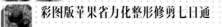

图 3-93　八干形幼树（意大利）

图 3-94　八干形幼树单株（意大利）

图 3-95　十干形定植当年（新西兰）

图 3-96　十干形定植第 2 年（新西兰）

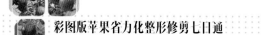

图 3-97　十干形定植第 3 年（新西兰）

图 3-98　十干形定植第 3 年单株（新西兰）

图 3-99　十干形定植第 3 年单株局部（新西兰）

图 3-100　十干形定植第 4 年（新西兰）

图 3-101　十干形定植第 4 年单株（新西兰）

第四天

学会幼树的整形与修剪

苹果幼树期主要的修剪任务是根据采用的目标树形，选留和培养骨干枝，迅速扩大树冠，构建树体骨架，同时要对枝条进行适当控制，缓和树势，促使其早结果、早丰产。要做到边整形边结果，整形结果两不误。在具体修剪时应坚持"因树修剪、随树整形、以轻为主、轻重结合、按需留枝、缓势促花、合理结果"的修剪原则。从而实现幼树"快生长、早成形、快成花、早结果"的整形修剪目标。

苹果幼树整形修剪重点关注以下技术环节：

一、定干

苗木定植后整形修剪的第 1 个步骤就是定干。

（一）定干的概念和意义

定干是苗木栽植后对植株进行短截，以确定直立、没有侧枝中心干的方法。定干高度对树体成活率、长势、萌芽力、成枝力、枝条开张角度等有明显影响。

（二）不同定干高度的优劣势

苗木定植后根据立地条件、苗木质量等情况及时定干，定干前后树体单株状态如图 4-1 所示，定干后整体园貌见图 4-2。定干越低，苗木成活率越高，但发枝少，枝条长势强，结果较晚；高定干（高于 1.5 米）或不定干时（图 4-3），栽后成活率低，整形带长，萌芽数量多，树体的总体发枝量多（图4-4），分枝角度大，结果早，但中心干先端弱，干性不强，分枝弱，如果不采用刻芽处理，中心干上容易形成光秃带。在春季缺水的地区，如果新栽的苗木进行高定干，且水分供应不足，容易出现中心干延长头抽干和延迟萌芽等现象。

定干前　　　　　　　　　　　　　定干后

图4-1　定植后进行定干

图4-2　定干后树体

图4-3　定植后苗木不定干（单干苗）

图4-4　不定干树体生长情况（单干苗）

（三）定干方法

　　适宜的定干高度要根据栽植密度和苗木质量进行选择。对于亩栽植 83 株以下的低密度果园，宜在 60 ～ 70 厘米处定干，培养小冠疏层形树体结构；亩栽 83 ～ 167 株的中密度果园，宜在 80 ～ 100 厘米处定干，培养纺锤形树体结构；亩栽 167 株以上的高密度果园，宜不定干，培养高纺锤形或主干形树体结构。苗木质量越高定干越高或不需要定干（图 4-5 和图 4-6），苗木质量差的果园要低定干，对于 60 厘米以下的细弱苗，建议在 20 厘米处短截，留顶芽促发新干。

图 4-5　定植后苗木不定干（带分枝苗）

图4-6　苗木不定干树体生长情况(带分枝苗)

(四)定干注意事项

定干后剪截口要进行伤口保护,可以涂抹伤口愈合剂,也可在定干后,地上部套管状的塑料薄膜,下部用绳子扎紧,可保持水分,防止大灰象甲、黑绒金龟子等害虫啃食新芽。芽体长到 2 ~ 3厘米时及时撕开塑膜套,以防高温灼伤嫩叶(图 4-7)。

图 4-7　定干后树体套塑料管套

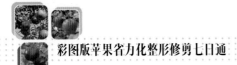

（五）定干效果

新栽苗木定干与否直接影响第 2 年树体的生长和发枝情况。如图 4-8 所示，定干苗发枝量少，侧生分枝长而粗，枝干比较大，中心干延长头的顶端优势被削弱。不定干苗木发枝量多，侧生分枝短而细，枝干比较小，中心干顶端优势强，符合纺锤形树体的整形要求。第 2 年夏季，定干苗中心干上分枝加长、加粗生长节奏加快，特别是拉枝不到位的情况下，中心干延长头的顶端优势被削弱了，枝干比加大，不利于整形和花芽形成（图 4-9）。从图 4-10 至图 4-12 可以看出，不定干苗第 3 年的成花和结果情况明显优于定干苗。

定干　　　　　　　　　　　　不定干

图 4-8　定植第 2 年春季树体生长情况

定干 不定干

图 4-9 定植第 2 年夏季树体生长情况

定干 不定干

图 4-10 定植第 3 年树体开花情况

图 4-11 定植第 3 年树体结果情况
（左行为定干树；右行为不定干树）

定干 不定干

图 4-12 定植第 3 年单株结果情况

二、抹芽

抹芽是幼树树形培养过程中的重要环节，是减少无用芽体抽枝营养消耗的重要措施。

（一）抹芽的原则

坚持抹早、抹小的原则，尽量在萌芽后 1 个月内完成。操作时戴手套用手抹除，一次根除，不用剪刀剪芽，防止 2 次萌发。

（二）抹芽的方法

1. 抹除竞争芽 定干后、对主枝延长头和中心干延长头短截后，选留健壮的芽培养为延长头，及时抹除选留芽下 2 ~ 4 个芽（图4-13），对寒富等节间短、梢顶芽密集的品种，要抹除剪口下 5 ~ 10 厘米的所有芽体，避免出现多头领导的现象；不定干的中心干以及单轴延伸的主枝延长头也要抹除顶芽下 5 ~ 10 厘米范围内的芽体（图 4-14），促发新梢中后部形成中短枝，形成长势中庸、角度良好的侧生分枝（图 4-15），防止新梢顶端形成生长中心，出现竞争枝与中心干齐头并进的现象（图 4-16）。

抹芽前　　　　　　　　　　　　抹芽后

图 4-13　定干后抹除 2 ~ 4 个芽

抹芽前　　　　　　　　　　　　抹芽后

图 4-14　中心干延长头抹除顶芽下 5 ~ 10 厘米的芽体

图 4-15　中心干延长头抹芽后形成长势中庸、角度良好的侧生分枝

图 4-16　未及时抹芽形成竞争枝，与中心干齐头并进

2.**抹除萌蘖芽** 定植当年萌芽后，及时抹除主干上60厘米以下的芽体（图4-17），后期主干上出现的萌蘖芽要随时抹除。中心干上不适宜位置萌发的不定芽也要及时抹除。

抹芽前　　　　　　　　　　　　抹芽后

图4-17　定植后抹除主干上60厘米以下的芽体

3.**抹除把门芽** 抹除主枝或侧生分枝基部离中心干20厘米以内的芽体，防止把门大侧枝的形成，减少把门枝对主枝或侧生分枝延长头造成的不良影响及因此导致的内部光照不良和树形紊乱。

4.**抹除背上芽** 及时抹除主枝和侧生分枝拉枝后萌发的背上芽，促进侧芽的萌发，尽快尽早成花结果，形成松散的下垂结果枝组；扭梢、别枝后萌发的背上芽也要及时抹除，防止枝条隆起部分背上芽形成徒长直立枝。

5.**抹除剪、锯口芽** 及时抹除疏枝时剪锯口处萌发的芽体，对于留斜剪口疏枝处萌芽的芽体，选留角度平缓的健壮芽，其余萌发的芽体全部抹除。

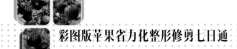
三、促发分枝

促进幼树产生具有较为理想的分枝高度、分枝数目、分枝长度和分枝角度的有效分枝，是苹果幼树整形修剪中一项非常重要的技术环节。促发分枝是构建幼树良好树形、缩短苹果树整形周期的有效措施，也是缩短苹果幼树期、形成早期产量的重要途径。幼树促发分枝可通过人工促分枝或化学促分枝技术进行，人工促分枝技术主要包括刻芽、摘心等手段，化学促分枝技术包括涂抹发枝素和喷普洛马林（有效成分为 6- 苄氨基嘌呤和赤霉素，二者各占 1.8%）、环丙酸酰胺（cyclanilide，简称 CYC）和苄氨基嘌呤（商品名为 Accel 或 Maxcel）等。

（一）刻芽

1. **刻芽时期的选择** 早刻芽，促发长枝；晚刻芽，促发短枝。刻芽过早，容易发生枝干失水，且伤口易愈合，起不到刻芽的效果；刻芽过晚，芽已经萌发，促发分枝的效果不好，部分芽不能萌发，即使萌发也不能形成长度适宜的分枝。如促发中心干较大侧枝或光秃部位出枝，应在果树萌芽前 20 ～ 30 天刻芽；要促发中短枝，应在萌芽前 7 天至萌芽初期进行。

2. **刻芽的方法** 刻芽的方式分为 2 种：①直线刻，在枝干上芽的上方（或下方）0.5 厘米处，直线刻 1 刀，深达木质部；②半月形刻，在枝干上芽的上方（或下方）0.5 厘米处，半月形刻 1 刀，深达木质部。主干部位不刻，中心干顶部 20 厘米以内不刻，其余部分可芽芽都刻，或者每间隔 10 厘米左右刻 1 个，但注意相邻刻芽的部位尽量交错开，避免朝 1 个方向，螺旋式分布。刻芽的深度以切断韧皮部、深达木质部为宜，刻芽的宽度以刻芽部位枝条粗度的 1/3 ～ 2/5 为宜。在枝条上刻芽促发中短枝，可在芽上方 0.5 厘米处用钢锯条横刻 1 道，只切断皮层不伤木质，一般只在中部刻，梢部 20 厘米不刻，基部 15 厘米不刻。

3. **刻芽的效果** 定植第 2 年在中心干整形带内刻芽可促进芽

体萌发(图 4-18),抽生新梢(图 4-19),形成足够数量的良好分枝(图 4-20 和图 4-21),主枝光秃带也可通过刻芽的方式促发理想的侧生分枝,形成结果枝组（图 4-22）。

图 4-18　刻芽后芽体萌发情况

图 4-19　刻芽后中心干抽枝情况

图 4-20 单干苗刻芽后形成足够数量的良好分枝

图 4-21 单干苗刻芽后整行树体生长情况

图 4-22　主枝光秃带刻芽促分枝情况

（二）摘心

1. 摘心时期的选择　摘心时期应根据新梢木质化程度（半木质化时）来确定，一般在 5 月中下旬和 7 月中下旬进行。

2. 摘心方法　一般在 5 ～ 6 月，当旺长新梢长至 10 ～ 15 厘米时摘心（图 4-23），以后可连续摘 2 ～ 3 次；也可在 6 ～ 7 月，当延长头长至 50 ～ 60 厘米时摘心，促发 2 次枝。

目前，在纺锤形树形为主导的密植栽培模式下，提倡中心干和主枝延长头单轴延伸，摘心技术仅用于中心干顶部促生分枝。具体方法为：新梢长到 10 ～ 15 厘米时，对上年生长的中心干顶部 1/4 的侧枝摘心，去掉大约 5 厘米（顶芽和 4 ～ 5 片幼叶）。6 月中旬，再次对上年生长的中心干顶部 1/4 的侧枝摘心。实践证明，用摘心控制中心干的竞争枝效果不好（图 4-24），并没有削弱竞争枝的生长势，而是增粗加快生长，与中心干齐头并进，在生产中并不可取。

摘心前　　　　　　　　　　　　　　摘心后

图 4-23　生长季摘心

图 4-24　用摘心控制竞争枝效果不好

（三）涂抹发枝素

涂抹发枝素后可显著增加其萌芽力和成枝力，还可定位、定向涂抹腋芽或隐芽，使其萌发成为骨干枝。目前我国常用的发枝素主要成分除 6-BA 和 GA_{4+7} 外，增加了 KT-30（人工合成的细胞分裂素），其活性是 6-BA 的 10 ～ 100 倍，与单独使用 6-BA 相比，萌芽的新梢生长更为健壮。

萌芽前到新梢生长期均可涂抹发枝素，一般 5 ～ 7 天被涂抹部位的芽体明显膨大，10 ～ 15 天萌芽成枝（图 4-25）。

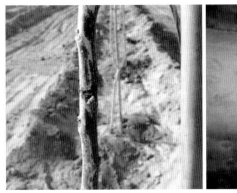

图 4-25 涂抹发枝素促发新枝情况

（四）喷布生长调节剂

BA 是一种细胞分裂素，具有抑制顶端优势、促进侧芽形成的作用。许多促分枝药剂都是以 BA 为原料，如普洛马林。最新开发的促分枝化学试剂，如环丙酸酰胺、环烷基酰苯胺（Tiberon）和苄氨基嘌呤促分枝的效果也较好，应用前景广阔。

喷布生长调节剂（图 4-26），可促发侧生分枝形成（图 4-27），如结合人工摘叶（图 4-28），效果更佳。摘叶可有效地促进侧芽成枝，顶端每生长 20 ～ 25 厘米时，摘除顶部 5 片嫩叶，能够产生较多分枝（图 4-29）。

图 4-26 喷布生长调节剂

图 4-27　喷布生长调节剂发枝情况

图 4-28　人工摘叶促分枝

图 4-29　摘叶后侧芽萌发情况

四、开张角度

（一）开张角度的概念和意义

开张角度是指人为地改变枝条的生长方向，调整枝条与中心干之间的夹角，主要包括拉枝、扭梢、拿枝等方法。

开张角度有利于培养成结构良好、骨架牢固、大小整齐的树冠，改善光照条件，调整树势，避免营养生长过旺，提早结果，对苹果树体营养积累、产量以及果实品质起到一定的调节作用。

（二）开张角度的方法

1. 牙签开角　定植当年，当中心干整形带内新梢长到 20 ～ 30 厘米时，对中心干上选留的主枝基部与中心干之间采用牙签撑开基角（图 4-30），角度 80°～ 90°（图 4-31），解决秋季拉枝费工费时、容易出现弓背或劈裂等问题。注意把握牙签开角的时机，新梢半木质化时效果较好（图 4-32），如太早，新梢太嫩，容易从基部折断，如太晚，枝条木质化，角度不容易打开，会导致新梢生长过快过旺。要求在 6 月底结束。

图 4-30　牙签开角　　　　图 4-31　当年生枝牙签开角情况

图 4-32　牙签开角后基角开张情况

2．**开角器**　开角器主要用于 1 ～ 2 年生枝开张角度。常见的开角器为塑料材质，主体为 L 形结构，L 形夹角为 120°，重 6.7 克，长边 10.3 厘米，短边 4 厘米。短边顶端与拐角处各有一垂直于 L

形平面长 2.5 厘米的小柱，且顶端 0.5 厘米相向弯曲，用于固定果树主枝。长边顶端有一垂直于 L 形平面长 1.4 厘米的小柱，小柱顶端与基部各有高 0.6 厘米的凸起，形成卡槽，用于固定侧枝（图 4-33 和图 4-34）。

图 4-33　开角器

图 4-34　开角器开张角度情况

　　3. **别枝器**　常见的别枝器为 W 形（图 4-35）或 E 形（图 4-36）别枝器，可用 12 号热镀锌铁线弯曲成 W 形或 E 形，也可自制。当新梢长到 20 厘米以上，主枝或侧生分枝基部半木质化时，将角度小、长势强、准备留作主枝的新梢软化，用 W 形开角器把角度别为水平。2～3周后角度即可固定。如枝头角度上抬，可将别枝器前移1～2次，始终保持侧生分枝水平生长。

图4-35　W形别枝器

图4-36　E形别枝器

4. 拉枝　拉枝是目前开张角度应用最多的方法，定植当年8～9月，将侧生分枝拉至110°左右（图4-37和图4-38）。拉枝角度应当根据具体的栽植密度和树形进行选择，栽植密度越大，拉枝的角度越大；树形越扁，拉枝角度越大。株行距2米×4米果园，拉枝至90°～100°（图4-39），株行距1米×4米果园，拉枝至110°～120°（图4-40）。生产上有专门的拉枝工具，实际操作中，可以就地取材，如用布条、塑料绳等进行拉枝。

图 4-37　定植当年 8 ～ 9 月，将侧生分枝拉至 110°

图 4-38　定植当年拉枝后单株树形情况

图 4-39 株行距 2 米 × 4 米果园，拉枝至 90°～ 100°

图 4-40 株行距 1 米 × 4 米果园，拉枝至 110°～ 120°

（1）**拉枝时期的选择**　拉枝在果树生长季节均可进行，一般5月下旬至6月上旬及8月下旬至9月上旬拉枝效果较好。

（2）**操作方法**　在生产上一般采用"一推、二揉、三压、四定位"的方法拉枝。"一推"是指一手握住枝条的基部，一手握住枝条的梢部，前后方向反复推动；"二揉"是指将枝条反复上下左右揉软；"三压"是指将枝条拉至理想的角度；"四定位"是指用绳索或开角器将枝条在地下或树上进行固定，以不出现弓形为宜。

拉枝时要正确选择拉枝的对象，对幼树而言主要为中心干上整形带内的侧生分枝，但要避免对竞争枝进行拉枝处理（图4-41）。拉枝力度很重要，首先要对拉枝对象进行软化（图4-42），拉枝绳与枝条之间要留足生长空间，不能系成死扣，以免造成缢伤（图4-43），同时枝条要顺着延展方向拉平，不能出现弓背（图4-44）。拉枝后要及时清理背上芽体，避免出现背上冒条、树形紊乱现象（图4-45和图4-46）。

目前生产上常用一种可

图4-41　避免对竞争枝进行拉枝处理

图4-42　拉枝前对枝条进行拿枝软化

图 4-43　拉枝绳绑缚不规范，系死扣造成缢伤

图 4-44　拉枝出现弓背

图 4-45　拉枝后背上冒条

图 4-46　拉枝后没有及时处理背上枝

调式拉枝器（图4-47），与用绳拉枝相比操作方便、结构简单、使用期长、开角灵活、可多次循环使用，对环境无污染、成本低，而且不损伤枝条。拉枝器整体由镀锌钢丝制成，包含拉钩、拉杆、卡环、挂钩。拉钩为倒U形结构，拉钩和卡环通过拉杆相连；卡环为细长U形，垂直于拉杆，一端与拉杆相连，一端与挂钩相连。卡环有挂钩的一侧可以弯至拉杆另一侧，使挂钩挂住拉杆，固定卡环，使卡环成为闭合细长水滴形结构，即可固定于苹果主干（图4-48）。可调式拉枝器可有效改变枝条生长方向，大大降低劳动强度和投资成本，既可以用于果树当年新枝拉枝，也可以用于多年生枝拉枝。

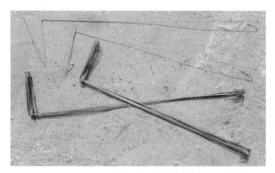

图4-47　可调式拉枝器

图4-48　可调式拉枝器拉枝情况

5. 拿枝

（1）**拿枝时期的选择** 不同时期拿枝，所得到的效果也有所不同。在春梢停止生长时拿枝，可削弱枝条生长势，易形成花芽；在秋梢开始生长时拿枝，可削弱秋梢生长势；在秋梢停止生长时拿枝，可显著提高翌年萌芽率。

（2）**拿枝的方法** 当年新梢的拿枝一般在 7 月下旬和 8 月的秋梢生长期；一年生以上的枝条拿枝一般在 5 月上旬新梢快速生长期进行。拿枝时，左手托住枝条的下部，用右手下拉或下压枝条的上部，慢慢用力，拉到枝条有轻微断裂声为止，若一次不成，可再拿 2 ~ 3 次，也可换位置重新拿枝。注意不要用力太猛，防止枝条断裂（图 4-49）。

拿枝　　　　　　　　　　　拿枝后

图 4-49　拿枝

6. **撑枝** 即在中心干和主枝间放一支撑物，将枝条角度撑开。撑枝在生长季和休眠期均可进行，但对开张基角作用不大，撑枝后枝条开张的角度不会太大。因其易顶伤枝条，且易传播病菌，近年来用得不多，如果使用撑枝开角，要在两端支点处加垫保护。

撑枝的工具可就地取材，以方便为宜，常用的材料包括晾衣夹（图4-50）、玉米秆（图4-51）、木棒（图4-52）、木板（图4-53）等。

图 4-50　晾衣夹撑枝

图 4-51　玉米秆撑枝

图 4-52　木棒撑枝

图 4-53　木板撑枝

7. **坠枝**　用装土的塑料袋（图 4-54）和果袋（图 4-55）、矿泉水瓶（图 4-56）、砖（图 4-57）、石头（图 4-58）、水泥块（图 4-59）等吊挂于枝条重心处，从而压开枝条角度的方法称为坠枝。该方法取材方便，但易反弹，开角方位不易固定。

图 4-54　塑料袋装土坠枝

图 4-55　果袋装土坠枝

图 4-56　矿泉水瓶坠枝

图 4-57　砖头坠枝

图 4-58　石头坠枝

图 4-59　水泥墩坠枝

五、调整角度

（一）扭梢

扭梢处理一般在5月中下旬至6月上中旬进行。从基部往上3～5厘米处扭转半圈，将上部枝用手扭下，别在基部，注意扭梢部位的木质部和韧皮部必须扭伤，使之呈平斜或下垂状态（图4-60），扭梢后枝条生长势得到控制（图4-61），有利于形成花芽（图4-62）。

扭梢应该注意以下几点：①主枝延长枝、水平枝、下垂枝、斜生枝不需要扭梢；②扭梢的时间以新梢中下部正处于半木质化时为宜，中午扭梢枝条软，韧性强，不易扭断；③扭梢的角度为90°～180°，枝头下垂或顺向基枝的生长方向，切勿将枝头朝向中心干；④扭梢时注意不要用力太猛，力度要均匀，扭到枝条有劈裂声、树皮出现裂痕为止；⑤扭梢后要注意及时疏除枝条基部、背部的直立新梢。

图4-60　夏季扭梢

图 4-61　扭梢后越冬

图 4-62　扭梢后形成花芽

（二）束枝器

束枝器是一种调整苹果新梢与着生母枝之间角度的工具（图4-63），小巧便携，操作简单、有效、方便，主要用于背上小枝的管理（图4-64），可避免扭梢、拉枝、疏枝对树体的伤害。束枝器为无规共聚聚丙烯（PPR）材质，由头部、颈部、主体、尾部4部分组成，总长23.5厘米。头部有2个上小下大的凸形圆孔，颈部为平滑圆柱形，主体具有等距离凸起，尾部为尖锥形。捆绑枝条时，用尾部从头部大孔中穿过，扎紧后将主体的细部推入头部和大孔相连的小孔中卡死。需要解开时，用手将主体从头部的小孔中推入相连的大孔，就可解开。束枝器可重复使用。

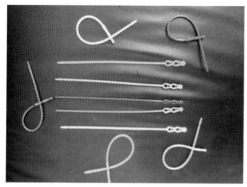

图 4-63　束枝器

图 4-64　束枝器处理背
　　　　　上直立枝情况

六、疏除无用枝

　　对树体中心干上冒出的强旺营养枝、各级骨干枝距离着生部位30厘米以内发生的徒长枝，以及骨干枝延长头上的竞争枝要全部疏除。各级骨干枝 30 厘米以外，延长头以内部位着生的过密强旺枝、背上直立枝和直径超过着生部位直径 1/3 的旺枝，原则上以疏除为主。但如果枝轴两侧所留枝间距大于 25 厘米时，可适当选留一些强旺枝，冬剪时长放，到生长季节对其实施大角度拉枝，拉到下垂状，达到缓势促花的目的，特别强旺但有生长空间的营养枝，还可适当进行环割。

（一）疏除竞争枝

苹果幼树修剪后，由于顶端优势和剪口等原因，中心干延长头剪口下第 2 芽、第 3 芽往往萌生直立强旺枝梢，该枝梢与剪口下第 1 芽萌生的延长枝梢常形成争强状态，严重干扰幼树整形和中心干的领导优势，因此在生长季应该严格控制竞争枝的生长，及时疏除（图 4-65）。如果延长头生长势弱，而竞争枝长势强且角度和位置比原头好时，为了保证中心干的绝对优势，可用竞争枝换头。生长季没有及时疏除的竞争枝在冬季修剪时必须去掉（图 4-66），主枝延长头的竞争枝也要及时疏除（图 4-67 和图 4-68），保证主枝单轴延伸，避免出现齐头并进的现象。

图 4-65　疏除中心干延长头的竞争枝

图 4-66 冬季修剪时疏除中心干延长头的竞争枝

图 4-67 疏除主枝延长头的竞争枝

图 4-68　冬季修剪疏除主枝延长头的竞争枝

（二）疏除背上枝

幼树主枝或侧生分枝角度拉开后，背上容易冒条，形成背上枝，影响主枝的单轴延伸和树冠的通风透光。因此，拉枝后应及时疏除背上枝（图 4-69）。如果主枝两侧没有枝条时，可以将背上枝扭梢或拉平，利用其形成小的结果枝组。冬季修剪时背上直立枝也是疏除的对象（图 4-70）。

图 4-69　疏除背上直立枝

图 4-70　冬季修剪疏除背上直立枝

（三）疏除把门枝

主枝或侧生分枝上，距中心干 20 厘米以内的枝条要全部疏除（图 4-71 和图 4-72），防止形成把门侧枝。

图 4-71　疏除把门枝

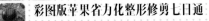

图 4-72　冬季修剪疏除把门枝

（四）疏除萌蘖枝

及时疏除根颈部萌发的砧木萌蘖（图 4-73），矮化中间砧上萌发的萌蘖也要及时疏除，以免和树体争夺养分，扰乱树形，影响树体通风透光。

图 4-73　疏除萌蘖枝

（五）疏除低位枝

及时疏除主干上距地面60厘米以下的分枝(图4-74和图4-75)，保证树体有适宜的主干高度。

图 4-74　疏除低位枝

图 4-75　冬季疏除低位枝

（六）疏除多杈枝

及时疏除主枝或侧生分枝延长头部分出现的多杈枝（图 4-76 和图 4-77），留原头保持单轴延伸，疏除两侧枝。

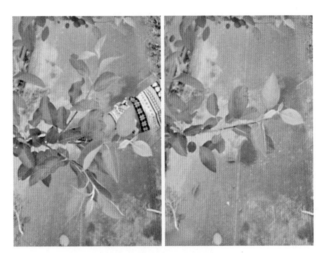

图 4-76　疏除三杈枝

图 4-77　冬季修剪时保留原头单轴延伸

（七）疏除基角狭窄的分枝

冬季修剪时，对拉枝时没有打开基角（图 4-78），分枝角度狭窄（图 4-79）的主枝或侧生分枝进行疏除。

图 4-78　疏除基角狭窄的分枝，留斜剪口　　图 4-79　疏除基角狭窄的分枝

（八）疏除长度超过株距 2/3 的分枝

冬剪时，疏除延伸生长过长，长度超过株距 2/3 的分枝（图 4-80），使株间保留足够的生长空间，保证通风透光。

图 4-80　疏除长度超过株距 2/3 的分枝

七、设立支架，扶强中心干

一般矮化中间砧和矮化自根砧建园需要设立支架，扶强中心干。顺行向间隔 10～15 米立一个 3.0～3.5 米高的水泥桩（10 厘米×12 厘米，内含 4 根直径 4 毫米的冷拔丝，图 4-81）、木头柱（图 4-82）或镀锌钢管（直径 6～8 厘米，图 4-83）作为支架，地下埋 50～70 厘米，分别在 0.3 米、1.2 米、2.0 米、2.8 米处拉 1 道直径 2.2 毫米的镀锌钢丝，用于固定中心干及侧生分枝（0.3 米处钢丝主要用来绑缚滴灌管）。每行架端部安装地锚，固定和拉直钢丝（向外斜 15°左右），每株幼树旁设立 1 根直径 1～1.5 厘米、高 3 米左右的竹竿（图 4-84），固定在支架的铁丝上，再将幼树主干扶直绑缚到竹竿上。中心干与钢丝之间要留足生长空间，用塑料卡扣（图 4-85）、铁丝（图 4-86）或布条（图 4-87）进行固定。

图 4-81　水泥柱支架

图 4-82　木头柱支架

图 4-83　镀锌钢管支架

图 4-84　设立竹竿扶强中心干

图 4-85　固定中心干的塑料卡扣

图 4-86　铁丝固定中心干

图 4-87　中心干与铁丝绑缚处加垫衬物，避免磨伤枝干

八、单轴延伸

单轴延伸也称一根棒式修剪，是纺锤形树体的典型特征之一。对于整株树体而言，中心干作为整树的主轴，主枝或侧生分枝呈纺锤状均匀分布在中心干上。对于主枝而言，结果枝组呈排骨状，均匀分布在以主枝为中心轴的枝干两侧。对于单个结果枝组而言，每个果实则以其为轴均匀分布在结果枝组上。

单轴延伸的修剪技术以不短截为核心，要求中心干延长头、主枝延长头和结果枝组在修剪过程中基本不采用短截方法，修剪过程中保证中心轴的绝对生长优势，使树体形成单轴、下垂、松散型的结果枝组（图4-88至图4-90）。避免出现因短截过多而导致的营养生长过旺（图4-91和图4-92）、花芽形成困难（图4-93）和树体结果过晚（图4-94）等现象。

采用单轴延伸修剪方法，可增强树势，提高中短枝比例，增加小枝组数量，减少修剪耗费的总用工量和用工成本。但随着单轴延伸年限的增加，延长头的生长势会越来越弱，可根据树势和生长空间适当回缩，维持整个枝轴的健康生长。对于结果能力太差、无更新复壮可能的枝轴可从基部疏除，另行培养新的枝轴。

图 4-88　主枝单轴延伸形成小短枝

图 4-89　主枝单轴延伸开花状

图 4-90　主枝单轴延伸结果状

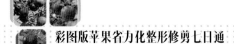

图 4-91　主枝短截后促发 2 条长枝

图 4-92　主枝短截后促发 3 条粗壮长枝

图 4-93　主枝延长头短截，破坏单轴延伸

图 4-94　中心干延长头和主枝延长头连续短截，导致树形紊乱，成花困难

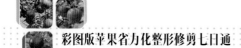

九、增大极差，保持适宜枝干比

纺锤形树体典型的特征是要求有较强的中心干，中心干和主枝之间要保持适宜的枝干比，不同的纺锤形树体对枝干比要求有差别。高纺锤形适宜枝干比为 1 ：（5 ~ 7），细长纺锤形适宜枝干比为 1 ：（3 ~ 5），自由纺锤形适宜枝干比为 1 ：3。

（一）定植当年冬季疏除全部分枝

除中心干延长枝外，其余枝条全部疏除（图 4-95 和图 4-96），疏枝时注意剪口平斜（图 4-97），促发剪口下轮痕芽来年发枝（图 4-98 和图 4-99）。中心干延长枝在 40 厘米以下时中短截；60 厘米以上轻剪；80 厘米以上缓放。剃"光杆"后可形成枝干比适宜的分枝（图 4-100）。

图 4-95　定植第 2 年春季疏除全部分枝

图 4-96　定植第 2 年春季疏除全部分枝全园状

图 4-97　疏除分枝时留斜剪口

图 4-98　斜剪口萌芽状态

图 4-99 斜剪口抽枝状

图 4-100 剃"光杆"后形成枝干比适宜的分枝

（二）疏除直径超过中心干 1/3 的分枝，保持适宜枝干比

及时疏除中心干上强旺的大主枝，一般直径超过中心干 1/3 的分枝要予以疏除（图 4-101），但每年最多疏除 2 ~ 3 个主枝或侧生分枝。疏除时留斜剪口，促进剪口下方瘪芽萌发成角度适宜、长势中庸的小侧枝（图 4-102）。

图 4-101　疏除直径超过中心干 1/3 的分枝

图 4-102　斜剪口抽生弱枝代替强枝

十、适量负载

幼树阶段的主要任务是长好树，成好形，培养丰产骨架，使其能够负载更多的产量。所以，苹果幼树要控制好负载量。协调好营养生长和生殖生长之间的矛盾。

定植后的第 2 ~ 4 年，要严格控制幼树的负载量。一般情况下，定植当年不留果，定植第 2 年开始，根据中心干或主枝的横截面积（TCA）来判断留果量（图 4-103），一般限制的负载量为每平方厘米横截面积留 4 ~ 5 个果（图 4-104）。中心干延长头不留果（图 4-105），保证其绝对生长优势，侧生分枝可根据其横截面积适当留果（图 4-106），以果压冠，控制枝条生长势。幼树适量负载既可以达到控制新梢旺长、平衡树势的目的（图 4-107），也可以使果农尽早收回投资，见到效益（图 4-108）。

图 4-103　通过测定枝干的横截面积来确定留果量的工具

图 4-104　通过枝干的横截面积确定留果量

图 4-105　幼树中心干延长头不留果，全部疏除

图 4-106　幼树主枝延长头根据横截面积适当留果

疏花前　　　　　　　　　　　　　　疏花后

图 4-107　幼树适量负载

图 4-108　幼树适量负载（果实成熟期）

熟悉盛果期树的整形修剪技术

一、盛果期苹果树修剪的原则和核心技术

盛果期苹果树整形修剪的主要任务是维持良好的树体结构、平衡树势、通风透光、调控负载、培养更新复壮枝组、防止枝组衰老等，最大限度的延长树体盛果期年限。

（一）增大极差，减少级次

明确各类枝条的从属关系，保证结果枝组势力中庸健壮。中心干强健是盛果期树体营养均衡供应和立体结果的前提和保证。苹果纺锤形树体盛果期修剪的关键就是要保持中心干的绝对优势，保证主枝和侧生分枝的粗度保持在中心干粗度的 1/3 ～ 1/5 较为适宜（图 5-1），可根据具体的树形和栽植密度进行适当调整。盛果期超过中心干粗度 1/3 的主枝或侧生分枝要及时疏除（图 5-2），避免出现因骨干枝过粗而导致中心干优势不强的现象（图 5-3）。

图 5-1 主枝或侧生分枝与中心干保持合理的级差

167

图 5-2　主枝或侧生分枝与中心干级差没有拉开，影响中心干优势

图 5-3　疏除过粗主枝留斜剪口增大级差

目前，苹果栽培的发达国家和地区已广泛采用高密栽植管理，树体级次为中心干—主枝—结果枝组的三级结构（图5-4），甚至是中心干—结果枝组的二级结构（图5-5）。我国生产中常见的树形级次一般为中心干—主枝—侧枝—结果枝组—结果枝的五级结构（图5-6），修剪复杂，营养消耗多，果实品质差，经济效益低。级次的减少，一方面简化了管理流程，提高了工作效率，使枝类组成合理，易于枝组更新；另一方面，结果部位靠近中心干，养分运输距离缩短，有效地调整了树体营养生长和生殖生长的供求矛盾，使果实品质提高，经济效益增加。因此，减少级次是整形修剪发展的方向。

图5-4　中心干—主枝—结果枝组三级结构

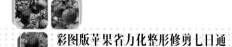

图5-5　中心干—结果枝组二级结构

图5-6　传统的中心干—主枝—侧枝—结果枝组—结果枝五级结构

（二）开张各级枝条角度

培养具有适宜角度的主侧枝，是盛果期果树培养丰产稳产树体结构的关键措施之一。适当加大主侧枝的开张角度，使顶端优势集中在主侧枝的顶端，而垂直优势集中在枝条中后部，有利于缓和生长势，控制旺长，骨干枝易于前后平衡，可使小枝多而充实，减少光秃带，易成花结果，内膛开阔，空间增大，光照充足，有利于结果枝组的培养，避免果园郁闭，保证树体的稳产、高产。

生长过长、前强后弱、抱头生长、开张角度过小的枝条，树势易过旺，内膛不开阔，光照不充足，小枝少且弱，有效短枝少，结果少，产量低。整形修剪中，应通过拉枝等方法打开枝条角度，一般是下层角度大于上层，侧枝角度大于主枝，强枝角度大于弱枝。并且枝条开张程度还要考虑栽植密度、栽植品种、肥水供应及后期管理等因素，一般树体生长量大的果园，主枝开张角度要大。另外，要利用刻芽、环割等方法处理强旺枝的中后部，可以促发新枝，培养结果枝组。

对于大冠形盛果期树，开张角度以 70°～80°为宜（图5-7至图5-9)，角度不能过大，否则树冠不能迅速扩大，会限制骨干枝的顶端优势，影响侧枝分布，降低下垂枝的利用率，外围枝早衰，骨架不牢固，负载能力下降。高纺锤形等扁冠形树体的主枝角度与大冠形不同，树冠下部主枝基角为 100°～110°，中部主枝基角为 110°～120°，上部主枝基角为 120°～130°（图5-10）。小冠疏层形主枝基角约为 90°，即水平状态（图5-11）。

对于较粗的主枝，可采取三连锯的方法开

图5-7　盛果期树适宜的主枝角度（夏季）

图 5-8　盛果期树适宜的主枝角度（秋季）

图 5-9　盛果期树适宜的主枝角度（冬季）

图 5-10 扁冠形树主枝角度拉至下垂

图 5-11 小冠疏层形主枝角度拉至水平

张角度（图5-12），但不宜在冬季修剪时进行，易导致锯口树皮坏死，感染腐烂病。适宜使用的时间为夏季5～6月，锯口深度不超过该处枝粗的一半。多道锯口间距以8厘米为宜。

主枝上的侧生分枝，一般为水平或向下斜生状态（图5-13），结出的果实果形端正，商品性好。

图5-12　采用三连锯法开张骨干枝角度

图5-13　盛果期树侧生分枝角度

（三）保持主枝或侧生分枝的单轴延伸

传统修剪技术通过多次短截、回缩形成结果枝组，枝条细弱，果实品质差，容易出现大小年结果现象，并且会早衰。而采用单轴延伸的修剪方法的避免过多伤口刺激，极大地削弱顶端优势，控制过旺的营养生长，促进下部枝条生长健壮，萌生中短枝，形成结果枝组，可以连年结果。

1. **主枝单轴延伸**　主枝延长头不短截，其上均匀分布中庸、斜生或下垂的侧生分枝，不保留直径超过主枝粗度 1/3 的侧生分枝，主枝距中心干 20 厘米以内不留枝，主枝延长头以下 20 厘米内不留强旺枝和大枝。主枝与相邻树体发生交接时，在主枝延长头下选一角度、位置合适的带头枝回缩换头，保持主枝延长头不短截，单轴延伸（图 5-14 和图 5-15）。

图 5-14　富士苹果主枝单轴延伸结果状

图 5-15　元帅系苹果主枝单轴延伸结果状

2. **侧生分枝单轴延伸技术** 主枝上的侧生分枝通常由营养枝自然缓放而成，单轴延伸结果后自然下垂，形成松散的结果枝组，直立、强旺的侧生分枝要及时疏除。连续结果后，侧生分枝抽生的果台副梢长度不足 10 厘米、粗度不足 0.5 厘米时，及时回缩到强壮分枝处，继续单轴延伸（图 5-16）。

图 5-16　盛果期树侧生分枝单轴延伸

（四）控制主枝或侧生分枝数量

盛果期苹果树面临的突出问题为枝量过大，导致通风透光不良，果园郁闭（图 5-17）。因此，整形修剪的主要任务从幼树期的增加枝量转变为控制枝量，保证园内有良好的通透性。枝条的生长势可通过枝量的多少来控制，枝量多，每个枝条上截留的营养就少，枝条长势就弱，反之枝量太少，则分配到每个枝条的营养就充足，枝条长势强旺（图 5-18）。留枝量可根据枝干比进行估算，如枝干比 1 ：4 时，最多可留同等粗的主枝 4×4=16 个，枝干比为 1 ：5 时，最多可留同等粗的主枝 5×5=25 个。

图 5-17　主枝数量过多，排列密集

图 5-18　主枝数量适宜，排列丰满

（五）强化枝组的配备与更新

结果枝组的配备与更新是盛果期苹果树连年丰产的关键（图5-19）。盛果期的苹果树，由于连年结果，结果枝组逐渐衰老，因此需要对其进行更新，保证树体始终以壮枝结果，最终达到控制枝量、提高枝质的目的。枝组修剪时要根据其枝势的强弱进行。

图 5-19　单个主枝上结果枝组的配备

1. **强旺枝组**　对于长枝多、中短枝少、长势强旺的大型枝组，要以缓势促花为目的。对于有生长空间的强旺枝，可通过大角度拉枝、环割等方式削弱枝条的生长极性，促进中、短枝形成，进而开花坐果。对于着生在主枝背上、影响树冠内部受光以及直径超过着生部位母枝直径 1/3 的直立枝组，从基部予以疏除。

2. **中庸枝组**　这类枝组是盛果期苹果树结果的主要部位（图5-20），冬剪时不短截，不回缩，只对枝头上的小分杈进行疏除，保持枝头单轴延伸，同时要打开枝条角度，合理利用光能。对于连续结果多年的要采用回缩的方式进行更新，保证连年结果。

图 5-20　中庸健壮枝组结果状

3. **细弱枝组**　这类枝组长势弱，长枝少，中、短枝多，要对其上的中长果枝适当短截，促进生长，同时要控制结果，回缩到中庸或强旺枝处，从而达到更新复壮的目的。要及时疏除其上的纤细枝、密生枝和枯枝，减少营养消耗。

4. **果台副梢的修剪**　果台副梢连续结果能力强，合理利用果台枝对结果枝组的培养和复壮更新有很重要的作用，修剪时要充分利用、合理分布。对于单果台枝，生长季 20 厘米以下的放任不管，超过 20 厘米的从 20 厘米处连续摘心，直至停长。冬剪时如顶芽为花芽则保留不剪，顶芽为叶芽且花量多时缓放不剪，顶芽为叶芽但花量少时短截促发分枝。对于双果台枝，生长季对强旺副梢进行疏除或重摘心，保留长势较弱的副梢（图 5-21 和图 5-22）。冬剪时如 2 个顶芽都不是花芽，缓放较强的，短截较弱的；若 2 个顶芽都是花芽，保留花芽相对饱满的，另一个副梢进行破顶；如 2 个顶芽 1 个是花芽，1 个是叶芽，保留有花芽的副梢，短截有叶芽的副梢。连续多年结果的果台枝长势趋于衰弱时，应及时回缩至后部短枝处，以复壮枝势。

图 5-21　双果台副梢夏季修剪，去直留斜

图 5-22　双果台副梢夏季修剪，去一留一

（六）改善树体通风透光条件，防止郁闭

改善通风透光条件，优化内膛成花结果能力，实行全方位结
果是盛果期苹果整形修剪的主要目标之一。目前，苹果生产在发
达国家基本采用矮化密植栽培，宽行窄株（图 5-23），树体为高纺
锤形，立体结果，通风透光好（图 5-24）。而我国果园多为大冠稀

植，进入盛果期后，枝叶量均达到高峰值，叶幕层变厚。一旦管理不当，就会导致树体郁闭，树冠内光照条件恶劣，树体光能利用率低下，花芽分化不良，内膛无效枝多，影响产量和效益。因此，盛果期的果园，要保证足够的行间距，至少保留1米，以确保通风透光条件。可通过疏除大枝、落头等方法，变一层叶幕为多层叶幕，增强通风透光性，以增加侧光的量。通过锯除过低大枝提干，以增加反射光的利用率，提高果品质量（图5-25和图5-26）。

图 5-23　宽行窄株，保持行间通风透光良好

图 5-24　高纺锤形树体立体结果，枝枝见光，果果见光

图 5-25　落头后打开顶部光路

图 5-26　提干后，树冠下部通风透光，反射光利用率高

（七）调节负载，连续结果

苹果树进入盛果期后，主要任务是维持稳定的产量。如果营养生长过盛，生殖生长就会受到抑制，出现成花难的现象；反之，如果树势过弱，虽然易成花，但因花芽质量不高、营养不足，会出现一树花、半树果现象。只有保持稳定中庸树势，才能达到易成花、坐果率高、果实质量好、无大小年、树势强健不早衰、树体经济寿命延长等目标(图5-27)。确定负载量时，一定要参照树势。如果树势过旺，可多留花芽，疏果时可适当增加负载量，以果压冠，控制树体的营养生长；如果树势较弱就减少负载量，尽快恢复树势。如果果园的土质好，肥水供应足，生产者管理水平高，也可以适当增加负载量，反之则减少。出现大小年现象的果园，大年少留花芽，小年多留花芽。

对于坐果率低、落果严重的品种，修剪时要多保留花芽，反之则可少留。正常条件下，盛果期苹果树的花芽与叶芽的比例以1：3为宜。

图5-27　寒富苹果合理负载

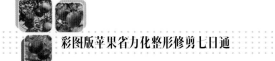

（八）充分利用下垂枝结果

下垂枝长势中庸稳定，连续结果能力强，能够充分利用立体空间，合理利用光照。下垂枝上着生的果实果形端正、品质优良，是开心形、主干形盛果期苹果树广泛应用的一种结果方式（图5-28）。纺锤形、小冠疏层形都可以培养下垂结果枝组，将主枝上中庸健壮的营养枝连年缓放，通过拉枝、拿枝、疏枝等修剪手段调节，依靠果实自身重量压冠，形成松散下垂结果枝组。下垂枝长势中庸稳定，连续结果能力强，能够充分利用立体空间，合理利用光照。纺锤形、小冠疏层形都可以培养下垂结果枝组(图5-29)，实现连年丰产。

图 5-28　下垂枝组连续结果状

图 5-29　充分利用背上枝培养下垂结果枝组

下垂结果枝组连续结果多年后，要及时更新复壮。2～5年生枝上着生的果实营养供应充足，果实大而品质优，五年生以上枝的成花结果能力有所降低，果实品质不佳，要及时回缩至壮枝处，保持壮枝结果，提高树体连续结实能力。

（九）合理利用环剥和环割手段

环剥和环割是盛果期乔砧旺树促花促果经常使用的技术手段，但现代矮砧集约栽培模式下并不提倡使用。一株树上环剥不宜过多，且不宜实施于主干上，主干上连年环剥不但很难达到促花促果的目的，而且环剥伤口不易愈合，使树势减弱严重。若不加控制的连年环剥（图5-30），会使树势极度衰弱，并且有的果农不注意环剥后的保护（图5-31），导致腐烂病和烂根病等大量发生，甚至导致树体死亡。树势旺可根据实际情况进行隔年环剥，树势较为稳定后，尽量减少环剥主干次数。环剥宽度应为环剥枝条直径的 1/8～1/7 为宜，这样就能保证环剥处当年愈合。如果环剥过宽，伤口无法愈合，会导致树体死亡；如果环剥过窄，伤口快速愈合，又不能达到环剥的效果。

环割要用消过毒的环割刀具，在主枝或主干等所要环割的部位选光滑处均匀用力环割一圈，要求割透皮层，不要伤及木质部，一般进行多道环割（图 5-32 和图 5-33），对于矮化砧木的植株也可进行半道环割（图 5-34）。目的不同，环割的时期不同。若要提高苹果坐果率，需在盛花期环割；若要提高花芽分化能力，促进成花，需在花芽分化前期，即新梢旺长、叶片大量形成后环割，一般在 5 月底至 7 月初进行。

图 5-30　主干连年环剥

图 5-31　注意环剥口的保护

图 5-32 主枝多道环割

图 5-33 主干多道环割

图 5-34　矮化自根砧苹果主干半道环割

二、几种不正常树的修剪技巧

在实际生产中，经常可见许多由于幼树期管理不到位而形成的不正常盛果期树体。

（一）强旺低产树

1．**树形特点**　此类树树势偏旺，营养生长占优势，花芽分化质量差，结果很少，这是在管理中重修剪、轻整形、多短截等不合理管理造成的。主枝、侧枝及辅养枝开张角度小、直立、高大。枝条主从关系不清，对生枝、竞争枝大而多。主侧枝背上直立枝组多而大，主侧枝表现前强后弱，外围旺枝密集，后部光秃，枝量很少且不充实，内膛弱枝组多，长短枝的比例严重失调（图 5-35）。

图 5-35 强旺低产树

2. **修剪方法** 对此类树的修剪关键是要降低营养生长优势，以缓放为主，不短截、不回缩，疏除过旺枝，保留并培养中庸枝，重视夏季修剪，通过拉枝打开枝条角度，改善光照，培养下垂枝组，促进花芽形成，提高产量。

（1）**控制树高** 通过调整中心干延长头的营养生长，使其尽量多结果，当延长头的粗度低于第4、第5主枝时，要及时落头。

（2）**开张角度** 在生长季节用拉枝、坠枝或三连锯等方法打开各枝条角度，主枝基角保持80°～90°，腰角要达到70°～80°，侧枝角度要更大，辅养枝角度大于90°，呈下垂状态。

（3）**外围枝和内部细弱枝的调控** 少短截，多疏枝，减少外围枝条量，对内部细弱枝要多短截，促进复壮，形成花芽。

（4）**对层间大辅养枝处理** 加大角度后环剥，促进形成花芽，结果以后，再依据空间大小进行处理。

（5）**对背上直立、中大型结果枝组的改造** 改造骨干枝背上前端的直立大枝组，使其变为背上斜生的小、中枝组，以改善层

189

间光照。采用春剪、夏剪的方法，促进其多发短枝、叶丛枝，改善长、短枝的比例。

（二）衰弱低产树

1. **树形特点**　衰弱低产树主要表现在枝条年抽生数量少，且年生长量小、枝叶量少、弱枝多、壮枝少、叶片小而薄、花量少，坐果率低、果实品质差（图5-36）。主要原因是果园立地条件差，管理粗放，土肥水管理不当，病虫害严重，在修剪过程中连年缓放而未及时回缩更新，不注意调整负载量造成前期结果过多。

图 5-36　衰弱低产树

2. **修剪方法**　对这种树的改造应先搞好土肥水管理，增施有机肥，加强病虫害的防治，增加叶面喷肥，提高营养积累水平，尽快恢复树势。修剪上从以下几点入手。

（1）疏花芽或回缩衰弱延长头　骨干枝3年生以内的一律不留花芽，以强枝带头，也可将衰弱延长头回缩至强枝处（以背上枝为主），抬高骨干枝角度，增强骨干枝生长势。

（2）去强留弱，恢复树势　一年生枝从饱满芽处短截，以壮芽带头，增强枝叶量，扩大光合面积，增加养分积累；去弱留强，去平斜枝留直立枝；强旺枝和徒长枝短截回缩，萌发强旺新梢，利用徒长枝换头或培养新的结果枝组。尽量少疏枝、少缓放，等树势恢复后，再逐年疏除衰老大枝。

（3）降低营养消耗，减少花芽数量　修剪时疏掉各级延长枝的花芽，花后少留果，以促进营养生长，养根壮树。

（4）更新结果枝组　在枝组更新上，应回缩至强旺分枝处或一次性疏除过于衰弱的结果枝组，少留背下枝，多留背上枝及两侧枝，促进生长，重新培养新的结果枝组。

（5）适当回缩或短截　冬剪可重回缩，利用潜伏芽促发新梢，恢复树势；衰弱较重的侧枝也可重回缩，使结果部位转移到基部；对生长势较弱的中、长果枝应轻度短截，以提高坐果率和果实品质。

（三）产量不稳树

1. **树形特点**　产量不稳即大小年结果，形成原因：一是花果管理不当，树体负载量没有合理控制；二是营养供应不足，从而造成隔年结果现象，这也是树体自我调节的表现。如果不调整管理方式，重复出现大小年结果现象，会使树势明显衰弱，缩短盛果期年限和树体寿命。

2. **修剪方法**

（1）高产年份修剪　大年树花芽多，结果多，萌发枝条也多（图5-37），前期生长较强，全年总生长量较大，营养消耗大，形成花芽少。修剪时要重剪结果枝，轻剪营养枝。要严格调整结果枝与营养枝的比例，保持在1∶3左右。多余的花芽应剪掉，特别是中、长果枝顶花芽应剪掉，促使枝条下部当年形成花芽，对串花枝应留足花芽重回缩。

大年树冬剪时可以疏掉无空间的大辅养枝。内膛一年生营养枝要轻剪、缓放，促使当年形成花芽，避免出现小年。若花芽量仍然很大，再通过严格的疏花疏果进行调整。

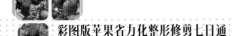

图 5-37　大年树

（2）低产年份修剪　小年树花芽少、结果少，萌发枝条也少（图
5-38）。前期生长弱，中、后期营养积累多，形成花芽多。修剪时，
要逢花必保，轻剪结果枝，重剪营养枝。对下部光秃、顶端有花
的枝组也不回缩。枝组更新时一定要看花芽，无花芽的可重回缩。
对一年生营养枝要多重短截，促进分枝生长，以防当年形成过量
花芽而造成大年结果。对没有空间的大辅养枝上的花芽，尽量多留。
结果后第 2 年修剪时，再对辅养枝进行处理。

图 5-38　小年树

（四）结果外移树（光秃枝）

1. **树形特点** 树体主枝基部光秃或基部枝条小且弱，树冠内膛空虚，甚至内膛 50 ～ 100 厘米的空间内无结果枝，只有树冠外围结果，产量很低（图 5-39）。形成原因：管理不当，放任枝条生长，主枝和侧枝量过多；拉枝不及时，枝条角度小，影响光照；枝条单轴延伸，只缓放不回缩；内膛枝条只疏不截，造成枝条基部光秃，结果枝组外移（图 5-40）。

图 5-39　结果外移树

图 5-40　内膛光秃

2．修剪方法

（1）提干、落头　改善树体及果园的通风透光条件。

（2）疏枝　对中心干上的重叠枝、对生枝、基角较小且直立的骨干枝逐年疏减，打开内膛光照，促发结果枝组；疏除主枝上的大型侧枝、副侧枝，减少主枝上的级次，使主枝上直接着生结果枝组。

（3）刻芽　萌芽前对主枝内膛 0.5 米以外的光秃带进行刻芽，促发新的结果枝组。

（4）拉枝　主枝拉开角度为 90°～ 100°，削弱顶端优势，缓和树体长势，使内膛有更多的结果枝萌发。

（5）转移结果部位　培养内膛细弱枝，增强内膛叶功能，之后及时回缩更新，逐渐使结果部位向内转移。

第六天

懂得更新改造老果园

一、老果园改造技术

（一）落头开心

1. 原因　树体高度较高，田间操作费时费工，树体上部长势较旺，导致树冠内部透光性差，不利于果实着色，果实品质降低。

2. 目的意义　通过落头可以有效降低树冠高度，提高树冠的通风透光率（图6-1），有效提高果实外观和内在品质，同时可以达到省时省工的目的。

3. 操作方法　落头处理切忌一步到位，应逐年分步进行，一般分2～3年完成，生长势越旺，每次落头要越轻，完成改造年限宜长，最终树高控制在2.5～3.0米较佳。落头部位要选分枝角度适中、长势较弱、粗度为中心干1/5～1/3的骨干分枝（图6-2至图6-5）。生产上也有部分果园改落为拉、以果压冠，利用结果将中心干延长头压弯，呈现出拉枝效果，中心干自然下垂，有效抑制中心干生长势，最终达到控制树高的目的（图6-6和图6-7）。

4. 注意事项　传统落头不宜过急，落头工作应在树体结果后，树势较为稳定后进行，否则落头易失败。落头部位避免留保护桩，防止坏死后病菌侵染。

落头前　　　　　　　　　　　　落头后

图 6-1　树体过高，日常管理困难，需要落头

图 6-2　落头后树势稳定

图 6-3　落头后结果稳定

图 6-4　落头部位留小根枝

图 6-5　留小根枝的树体落头后生长状

图 6-6　中心干结果后自然下垂

图 6-7 以果压冠，控制树高

（二）提干缩冠

1.原因 树干较低，导致树体下部通风透光性较差，多数枝组不结果，即使结果其果品品质也较差；树冠较大，严重影响树体通风透光及行间作业。

2.目的意义 有效改善树体通风透光性，提高果实品质，避免行间交叉郁闭，方便行间作业和日常管理。

3.操作方法

（1）提干 一般树体干高提升到 80 ～ 120 厘米为宜，对距离地面 80 厘米以下的大主枝可根据实际情况先进行回缩、变向，最后疏除，逐步逐年完成改造。建议每年疏除基部较大主枝 1 ～ 2 个，改造后树体单株及园貌见图 6-8 至图 6-10。

（2）缩冠 应遵循去长留短、去大留小、去强留弱、斜生代直立的原则，及时疏除伸向行间，粗度较大的枝组（最多不超过中心干粗度的 1/2）和粗度小于中心干粗度 1/3 的大枝。基部如有较大分枝，可遵循以侧代主的原则，在分枝处回缩；大枝如比较细，可通过拉枝抑制先端的生长，诱发后部发生背上枝后，经缓放培养成预备枝后再回缩，达到缩冠的目的。

4.**注意事项**　提干应分批逐年进行，一次性疏除量过大，易导致树体早衰或感染腐烂病等。缩冠尽量避免无原则的短截，应以有目的的疏除、回缩为主。

图 6-8　提干

图 6-9　提干缩冠后果园通风透光条件良好

图 6-10　提干缩冠后，解决下部光照不良问题，使果实发育良好

（三）选择永久性主枝

1. 原因　永久性主枝构建了树体的固定骨架，是树体丰产、稳产的保证。

2. 操作方法　选留的永久主枝应分布在距地面 1.0 ～ 2.5 米处，主枝层间距 80 ～ 100 厘米，主枝数量根据树体长势而定。对于传统纺锤形树形一般选择方向上不重叠、长势中庸的主枝 4 ～ 6 个，作为永久性主枝培养（图 6-11）。

3. 注意事项　对选留的永久性主枝，确保单轴延伸的同时要始终保持其明显的生长优势，坚持轻剪缓放的原则，尽量少用或避免无原则的短截、回缩。

（四）选留临时辅养枝

1. 选留原因及作用　辅养枝主要是整形初期对永久性主枝之外枝条的统称，它可填补并充分利用永久性主枝剩余的空间，是早果稳产的保证。

2. 选留依据　树龄较小的树尽量多选结果枝作为辅养枝，在不影响大主枝生长的情况下，通过拉枝、环割等技术尽早促进其成花结果，有效提高树体产量（图6-12）。随着树龄不断增加，永久性主枝不断增长，临时辅养枝应逐步缩小，可先改造成大型结果枝组，最后完全疏除，为永久性主枝的生长及结果腾出空间。

图6-11　选留永久性主枝

图6-12　选留临时性辅养枝

（五）疏除大枝

1. 疏除原因 生产中平行重叠枝、着生过低枝、对生枝、轮生枝、把门枝、背上枝等较为常见，其生长势较旺，由于没有及时处理，其增粗较快，长成大的竞争枝，形成喧宾夺主的局面，消耗大量的营养，严重影响树体中心干和骨干枝的生长，导致树形紊乱，树冠郁闭，果实品质下降。

2. 操作方法 除永久性主枝和临时辅养枝外，中心干上过密、重叠、轮生和粗度超过中心干 1/3 以上的大主枝应逐步疏除，疏枝时宜先疏除把门枝、背生枝、轮生枝、对生枝和重叠的主枝、侧枝，一般每年去除 1～2 个。中心干上过密枝可按留两边、疏中间的原则进行疏除。对有生长空间的大枝可先改造成结果枝组，根据主枝生长状况，结果 2～3 年后疏除。按此方法疏除大枝后，单株状见图 6-13。

3. 注意事项 尽量避免一次疏除量过大，否则树体易出现早衰，疏枝时避免并口或连片伤口出现，以防病菌侵染，造成树势衰弱。

图 6-13 疏除大枝

（六）枝组配备与培养

主枝上大、中、小型的结果枝组应均匀分布，错落有致，充分利用空间，以强壮的大、中型结果枝组或枝组群为主；空间布局上要求互不重叠遮阳、互不交叉、插空分布。同时注重培养下垂结果枝，因为下垂枝所结果实品质较好。良好的单株树体枝组配备见图6-14和图6-15。

图6-14　主枝上枝组的配备

图6-15　主枝上下垂枝组配备

二、老果园改造原则

（一）逐步改造，循序渐进

树形改造过程中最忌讳"一步到位"，整个改造过程应分 3 ～ 5年完成。前期应以改造大枝、构建骨架树形为主，中后期以培养枝组为主。长势较弱的树体第 1 年先不疏除基部过低的主枝，可先疏除主枝上大的侧枝，后视情况逐年疏除基部低位大主枝，逐年完成提干，提干后整体园貌见图 6-16。疏剪过程中，应避免当年在中心干同一部位造成大的对口伤或并生伤口，并注意伤口保护，防止病害侵入，造成树势衰弱。染病后，病疤处可采用桥接恢复树势（图 6-17）。同时，花果管理、土肥水管理等配套措施也要到位，为保证改造效果提供支撑。

图 6-16　一次性树体改造，导致大量伤口

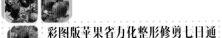

图 6-17　采用桥接恢复树势

（二）因树、因园、因地进行改造

改造过程中应因园、因树、因枝灵活变通，切忌"一刀切"。对于立地条件、树体长势不同的果园要区别对待，如长势较弱的枝组，修剪时可通过适当的短截、回缩进行复壮，长势较强应以轻剪缓放为主，通过拉枝等技术缓和树势，促进成花结果；对单层树冠且结果主枝偏低的树体，应以抬高主枝仰角为主，不能盲目进行提干而影响产量；山地果园一般通风透光较好，树体提干高度可较平地低一些。总之，树形改造过程中要做到"举一反三"而不是"盲目从一"。不同立地条件果园改造后园貌见图 6-18 和图 6-19。

（三）注意伤口保护

疏剪的剪口应贴近主枝或枝轴，伤口要平滑，即使枝组更新需要刺激剪口下隐芽萌发，留橛也不宜过长。修剪后应及时采取保护措施，避免病菌侵入。另外，主干环剥在实际生产中应用也较多，该技术可以有效促进树体成花结果，但环剥造成的伤口极易感染病菌，导致干腐病、腐烂病等病害发生，因此也要重视伤口保护。一般可通过涂抹特定愈合剂、油漆或包裹塑料薄膜的方法对伤口进行保护（图 6-20 至图 6-23）。

图 6-18　黄土高原旱塬地树形改造

图 6-19　渤海湾平肥地果园改造

图 6-20　剪锯口涂抹人造树皮伤口愈合剂

图 6-21　剪锯口涂抹油漆防伤口失水

图6-22　剪锯口包裹塑料薄膜保护伤口

图6-23　剪锯口贴塑料薄膜防失水

（四）合理调控树势

当树体生长过弱时，首先应保证良好的肥水供应，实行重剪，刺激树体萌发旺枝、壮枝，以强枝带头，多留背上及两侧的枝组，促进生长（图6-24）；树势过旺，营养生长占据优势，大量养分供给其枝条营养生长，造成花芽分化营养供给不足，难以成花结果，对于这类果树，在修剪时应以拉枝、缓放为主，加大主枝分枝角度，缓和树势（图6-25）。

图6-24　弱树重剪

图6-25　旺树轻剪

（五）合理负载

　　合理负载量是连年丰产、稳产的保证，能有效地避免大小年现象的产生（图 6-26 和图 6-27）。留果量与树龄、树势紧密相关。留果量过大，导致树体营养过度消耗，优质果率低，花芽形成少，树势变弱。一般建议叶果比为（35 ~ 40）：1，平均坐果间距为20 ~ 25 厘米。

图 6-26　合理负载

图 6-27　负载量适中，果实发育均匀，品质好

（六）预防日烧

落头开心时应注意落头位置，注重小侧枝的选留。疏枝过程中也应选留部分背上枝，不能一次性全部疏除，一方面可以保持生长势，另一方面也可以有效避免阳光直射造成的枝干或果实发生日烧（图 6-28 和图 6-29）。

图 6-28　裸露枝干向阳面冬季冻融交替，发生日烧

图 6-29　果实发生日烧

第七天

修正生产中修剪的失误

一、基部主枝过低

1. 问题 基部主枝过低（图 7-1），结果后易托地（图 7-2），树冠生长势下强上弱，树体通风透光性差，果实品质降低，也不利于日常田间管理。

2. 修正 树龄较小时定干高度不宜过低，一般在 70 ~ 100 厘米。剪口后过低枝应及时疏除，若树龄较大，对于需要改造提干的树体，要逐年分步疏除较低主枝，完成提干改造工作（图 7-3）。对于以基部主枝作为主要结果部位的树体不适宜提干，应视情况疏除过低侧枝,结果后借助外力支撑来提升基部主枝高度（图 7-2），同时配合夏剪改善树体下部通风透光条件，达到提升果实品质的目的。

图 7-1　基部主枝过低

图 7-2　基部主枝过低，结果后拖地，用棍子撑枝

图 7-3　疏除过低主枝，提高主干

二、中心干歪斜

1. 问题　定植或早期树体整形过程中，疏于对主干生长方向的控制，导致树体偏斜生长（图 7-4），一般在山地果园中比较常见。

由于树冠偏斜，树体生长及养分调运不平衡，结果后遭遇大风易发生倒伏（图7-5）。

2.**修正**　斜坡地定植时，树体应与水平面垂直。平地定植后，注意立杆、拉线、绑缚固定主干，避免外力因素导致树体歪斜。

图7-4　矮化中间砧树体不设立支架，导致中心干歪斜

图7-5　山地果园中心干歪斜

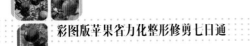
三、骨干枝过多，级次复杂

1. **问题** 在传统果园中，由于骨干枝数量与分布不合理，采用留主枝、侧枝、副侧枝、辅养枝、结果枝等多级次的整形方法，导致形成的大枝多，结果枝组弱且少（图7-6和图7-7），树形紊乱，生长季树冠郁闭，密不透风。

2. **修正** 一般纺锤形盛果期果园，主枝数量控制在5～8个，细长纺锤形根据实际情况可留9～10个。如若为疏散分层形树形，层间距建议在1.0米左右，避免枝组相互交叉遮光。对于过密主枝和侧枝视具体情况进行改造或疏除，打开光路。各级次之间粗度比要小于1/3，通过拉枝或坠枝等方法加大主枝角度，限制主枝加粗，及时疏除粗度过大的侧枝和辅养枝，减少大侧枝数量，降低级次。

图7-6 骨干枝过多

图7-7 级次复杂

四、连续短截

1. 问题　传统修剪方法中以短截和回缩为主，在生产园中现仍应用较多。尤其在幼树整形的关键时期，不考虑枝条长短、分布及改造价值，连续短截后枝条旺长，出现越剪越旺且不易形成花芽的现象（图 7-8 和图 7-9）。

图 7-8　冬季修剪时见头就打，连续短截

图 7-9　连续短截造成树形紊乱

2. **修正**　利用拉枝开张枝干角度，结合抹芽、扭梢等技术抑制旺枝生长，促进枝条成花结果。缓放结果后，视情况在弱枝处回缩，尽量避免短截。对于幼旺树，可通过环剥枝干抑制其长势，促进其结果，稳定树势。

五、主从不分，齐头并进

1. **问题**　忽视中心干上辅养枝和主枝上大侧枝的控制，造成双干或多干齐头并进的局面（图7-10和图7-11），其长势与中心干、主枝相当，易形成主次不分、掐脖、偏冠现象（图7-12）。

2. **修正**　一般情况下主枝上大的侧枝粗度不应超过主枝粗度的1/3，若大侧枝对主枝影响较小可先将其改造成结果枝组，控制其生长势；若已影响主枝生长结果应及时疏除；中心干上较大的辅养枝应及时疏除，避免抑制中心干生长，要始终保持中心干的绝对生长优势。

图7-10　主枝与中心干不分，齐头并进

图 7-11 三主干齐头并进

图 7-12 主从不分，树形紊乱

六、留枝不当

（一）轮生枝过多，中心干生长势弱

1. 问题 轮生枝过多过大，与中心干争夺养分，导致树体中

心干细弱，形成掐脖现象（图 7-13 至图 7-16）。

2. **修正** 对于易形成轮生枝品种，应在整形前期，通过抹芽、疏剪等措施加以辅助，有效避免轮生枝形成；对已形成轮生枝的树体应逐年分批次进行改造或疏除，每年最多疏除 1 ~ 2 个。

图 7-13 轮生枝导致中心干细弱

图 7-14 轮生枝掐脖，影响中心干生长势

图 7-15　轮生枝着生情况

图 7-16　盛果期树轮生枝着生情况

（二）竞争枝处理不当

1．问题　由于未及时处理与同级领导枝并生的枝条，导致其生长势与领导枝相似或超过领导枝，形成较大的竞争枝。竞争枝长势较旺，扰乱了树体的主从关系，造成树形紊乱（图 7-17 至图 7-19），消耗大量养分，降低产量。

2．修正　对于上述情况，应在尚未形成竞争枝前及时处理，根据实际情况进行扭梢、摘心或疏剪；若竞争枝已形成，可有序分步疏除竞争枝,根据实际情况和影响效果,每年疏除竞争枝 1 ~ 2个,以减少营养消耗。也可以在控制的基础上,合理利用竞争枝,培养为各级延长枝或结果枝。

图 7-17　中心干延长头的竞争枝未及时处理

图 7-18　竞争枝拉枝,效果不佳

图 7-19　竞争枝留作主枝，影响中心干生长优势

（三）对生枝处理不当

1．**问题**　中心干上同一水平位置，着生 2 个长势相当、方向相反的枝条，如果对生枝直径超过中心干直径的 1/2，容易造成掐脖（图 7-20），影响中心干的绝对生长优势。

2．**修正**　对对生枝的处理遵循去一留一的原则（图 7-21），选择生长空间充足、长势中庸的留下，强旺、直立和无生长空间的枝去掉。如果中心干上对生部位附近的小主枝不足或者还有较大的空间，可以将其中一个能够长时间保留的枝条作为小主枝培养，另一个作为辅养枝培养，进行大角度拉枝至下垂，防止因疏除对生枝造成中心干小主枝数量不足，避免空间的浪费。

图 7-20 对生枝掐脖

图 7-21 对生枝处理（去一留一）

（四）并生枝处理不当

1. **问题** 中心干上同一个节点上着生 2 个枝条（图 7-22 和图 7-23），易出现相互影响、树形紊乱、光照不良等现象。

2. **修正** 幼旺树应当在同一个节位上萌发 2 个枝条时，及早抹除或疏除其中之一。对于保留多年并生枝的成龄树，可选择长势中庸、方位良好、枝组配备合理的枝条留下，疏除另一个。

图 7-22　幼树新发的并生枝

图 7-23　着生多年的并生枝

（五）三杈枝处理不当

1. 问题　该情况多出现在树冠外围的中、小枝条先端，呈现密挤和相互竞争的关系，如果不及时处理，多年以后就形成竞争枝，造成树形紊乱、枝干主次不分、树枝紧凑，易形成双干头或多干头（图 7-24）。

2. 修正　在三杈枝形成较大竞争枝前及时处理，修剪时尽量保留原来的枝头，确保原有枝条的生长优势，并及时疏除其余分枝。若三杈枝已形成较大的竞争枝，建议保留原来枝头，分 1～2 年疏除其余大的竞争枝（图 7-25）。

图 7-24　三杈枝着生情况

图 7-25　三杈枝处理方式

（六）把门枝处理不当

1. 问题　传统的疏散分层形树体，每个基部三主枝上配备 2

个大的侧枝，这些侧枝距离中心干太近，离地面也较近（图 7-26），使树冠下部光照恶化，通风透光不良，病虫害加剧，优质果率降低。

2. **修正** 幼树时及时疏除主枝上距离中心干 20 厘米以内的分枝，避免出现把门枝。对于已经成形的把门大侧枝，应当逐步予以疏除，改善内膛光照情况（图 7-27）。

图 7-26　把门枝着生情况

图 7-27　把门枝疏除情况

（七）背上枝处理不当，形成树上树

1. **问题** 拉枝开角时形成弯弓，使顶端优势转化为背上优势，造成背上枝旺长（图7-28）；主枝上侧生枝太少，疏于背上枝管理，导致背上枝强旺（图7-29）；外围枝疏剪过量、急于背后枝换头或过度回缩，刺激背上枝发育；背上枝控制不当形成树上树（图7-30）。背上枝过多导致树形紊乱，光照恶化，产量和品质发育不良。

图 7-28 幼树未及时处理背上枝

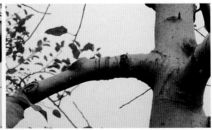

图 7-29 背上枝处理情况

图 7-30　背上枝控制不当形成树上树

2.**修正**　对于背上产生的徒长枝、竞争枝和强旺的直立枝要予以疏除，但切忌大量疏除背上枝，或一次性全部去光，以防更多的徒长枝萌发或因背上光秃引起的日烧现象发生。可采用多留侧生分枝的方式，缓和背上枝的生长势，充分利用背上枝形成斜生、中庸的结果枝组。

（八）中心干留枝太多，密生枝处理不当

1.**问题**　目前以纺锤形整形为主的树体，为保持侧生分枝长势中庸和均一，提倡中心干多留侧生分枝。但随着树龄增加，经常因中心干上留枝过多，导致互相遮挡、重叠、遮光严重，小主枝难以伸长，结果后果实着色不良，叶磨和枝磨严重。

2.**修正**　应当在幼树期对密生的枝条进行疏除，特别是同方位、间距较小的枝条（图 7-31 和图 7-32）。如果是成龄树，要根据枝条着生的方位和其上花芽的多少进行适当的疏除，使相邻小主

枝的间距达到 15 ～ 20 厘米。但每年每株树主枝的疏除数量不得多于 2 ～ 3 个，以免因伤口过多对中心干生长造成伤害。

图 7-31　密生枝处理情况

图 7-32　疏除同方位的重叠枝

（九）其他非正常生长枝条

1. 问题　除上述提到的处理不当的枝条外，树体上还存在一些非正常生长的枝条类型，如夹生枝（图 7-33）、肘形枝（图 7-34

和图 7-35)、躺卧枝（图 7-36）、背后枝（图 7-37）、衰弱枝（图 7-38）和病残枝（图 7-39），这些枝因着生位置不好或生长不正常，难以形成饱满花芽，其上果实着色不良、品质差，影响树体结构。

2. **修正** 非正常生长的枝条利用价值不高，应当予以疏除。

图 7-33　夹生枝

图 7-34　扭梢过多后形成肘形枝

图 7-35　连续回缩后形成肘形枝

图 7-36　背上枝拉枝后形成躺卧枝

图 7-37　背后枝

图 7-38　衰弱枝

图 7-39　病残枝

七、剪口留橛

1. **问题** 修剪方法或习惯不当，剪口处留橛（图 7-40）相当于进行重剪，留橛部位易刺激剪口后隐芽萌发，出现冒条现象（图 7-41）；同时修剪留橛部位易缺乏营养供应而坏死，增大病害感染几率，致使树势衰减（图 7-42 和图 7-43）。

2. **修正** 修剪应注意避免留橛，伤口应该平滑，同时注重涂抹保护剂对伤口进行保护，如若想进行枝组的更新，可以先通过环割、拉枝培养预备枝，再进行枝组更新。

图 7-40　疏枝后留橛

图 7-41　留橛后冒条

图 7-42　回缩后留橛

图 7-43　留的老橛变成死橛，感染腐烂病

八、落头不合理

1. 问题　落头不及时，树体过高过大，树冠郁闭，透光性差，光合效率低；落头开心时留保护桩（图 7-44），由于保护不当，剪口往下逐渐干死，成为死桩，引发腐烂病发生（图 7-45）；落头过急，刺激树体返旺，冒条现象比较严重，造成树势上强下弱，落头失败（图 7-46 和图 7-47）。

2. **修正** 不留保护桩，落头位置应选在长势较弱的小主枝处，对于树龄较小、长势较旺的树体，落头不可"一步到位"，可待中心干延长头结果后，即树势稳定后进行落头处理，建议分 2 ~ 3 次完成落头工作。

图 7-44　落头留橛

图 7-45　留橛后感染腐烂病

图 7-46　急于落头，顶部大量冒条

图 7-47　落头失败，以一头换多头

九、拉枝不到位，连续背后换头效果不佳

1.问题　由于幼树整形初期不重视开基角或拉枝不到位，导致树姿抱合，树冠郁闭，主枝和侧枝直立、徒长、生长势强，且不易形成花芽。为开张角度，传统的修剪法中背后换头运用较多（图

237

7-48）。该技术虽然在一定程度上可达到扩冠幅、增加树冠通风透光的目的，但连续的背后换头易导致树体养分调运失调，换头后易出现细弱枝和直立枝，出现返旺现象（图7-49和图7-50）。

2. **修正** 尽量避免连续背后换头，保证单轴延伸，确保原枝头的生长势。整形阶段注重开基角，基角开张角度建议在60°～80°。重视拉枝工作，尤其是对长势较旺的枝可拉枝到90°～120°，以抑制其旺长，促进花芽形成。

图7-48　基角没打开，用背后枝换头

图7-49　背后枝换头状

图 7-50　主枝角度没打开，背后枝换头效果不佳

十、不注重枝组培养更新

1. 问题　枝组是果树结果的基本单位，枝组的好与坏直接关系到果树能否优质、丰产。生产中不注重枝组的培养，对枝组不养只缩，使枝轴变短、弯曲，枝组直立（图 7-51），难以形成松散下垂型枝组，养分供应不通畅，果实品质下降；枝组缓放结果多年，营养供应不足，长势衰弱，枝芽细弱（图 7-52），结果较小，且品质下降。

2. 修正　重视结果枝组的培养、更新，结果初期尽量减少对枝组的截缩，注重培养下垂结果枝组（图 7-53 和图 7-54）；培养壮枝替代衰弱枝结果，对于连续结果后生长细弱的结果枝组，可在第 4 或第 5 个芽处重剪，以利于枝组更新复壮。

图 7-51　枝组连续截缩，导致枝组直立

图 7-52　枝组连年缓放，枝芽细弱

图 7-53　枝组配备适宜

图 7-54 培养侧生、下垂枝组

十一、重冬剪轻夏剪

1. **问题** 冬季修剪在果树修剪中占有很重要的地位，树体进入休眠期后，树体结构、花芽分化情况和各类枝条的长势、分布容易观察，但实践证明，只重视冬剪并不能有效地改善生长季树冠内的通风透光条件。不注重夏剪工作常导致枝叶徒长，树冠遮阳严重，密不透风，无效光区增大（图 7-55），影响花芽分化和后期果实着色，优质果率极低。由于疏于夏剪，冬剪过程中需要疏除大量枝条，不仅浪费了大量营养，还易造成角度难开张、树势不稳定、花芽难形成，影响整形效果（图 7-56 和图 7-57）。

2. **修正** 除冬剪外，也要重视夏剪，利用扭梢、拉枝等技术开张枝条角度，及时疏除过密枝、把门枝、背上枝等，改善树体通风透光条件，有效提高光能利用效率和树体营养水平，有利于花芽的形成及树体越冬。另外，通过夏剪还可以在一定程度上减少冬季修剪的工作量，因此，建议冬剪与夏剪结合进行。

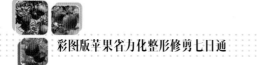

图 7-55　夏剪不及时，枝条旺长，通风透光不良

图 7-56　夏剪不及时，冬季树形紊乱

图 7-57　仅依靠冬季修剪需要疏除大量的枝干来调整结构